Microbiologie – Immunologie

2e édition

Huguette BREZELLEC

Chantal BAUDRY

Chantal Baudry et **Huguette Brézellec** sont pharmaciennes et enseignantes en CFA.

Les éditions Porphyre tiennent à remercier Franck L'Hermitte pour la réalisation des infographies.

ISBN : 2-915585-26-1
Éditions Groupe Liaisons SA
1, rue Eugène-&-Armand-Peugeot
92856 Rueil-Malmaison Cedex

TABLE DES MATIÈRES

AVANT-PROPOS

La microbiologie et l'immunologie doivent occuper une place de choix dans la formation du préparateur en pharmacie.

En effet, les microbes ont de tout temps fasciné l'homme tant par leur utilité (fabrication du pain, du vin...) que par leur nocivité (maladies avec, notamment ces derniers temps, le sida, dû à un virus, le VIH, la maladie de Creutzfeldt-Jakob, due au prion, et tout récemment le SRAS, pneumopathie atypique d'origine virale).

Cet ouvrage s'adresse avant tout aux élèves préparateurs en pharmacie. Il présente une étude simplifiée mais complète des principaux micro-organismes entretenant des rapports étroits avec l'homme, à savoir les bactéries, les virus, les champignons « microscopiques ». Ce livre présente également les mécanismes de défense que l'homme développe face à ce monde potentiellement hostile, ainsi que les différents moyens qu'il a mis au point pour se protéger et lutter contre les microbes (mesures d'hygiène, médicaments, etc.).

Cependant, ce guide sera également fort utile :

- à l'enseignant : il constitue une base de travail puisqu'il suit le référentiel ;
- au personnel de l'officine, pour parfaire et réactualiser ses connaissances en microbiologie et immunologie.

MICROBIOLOGIE

INTRODUCTION

La **microbiologie**, étymologiquement « **science des microbes** », est une science assez récente ; cependant, l'homme est confronté depuis longtemps à l'action des microbes.
Les microbes, êtres vivants très petits, sont invisibles à l'œil nu. Leurs dimensions, mille fois plus petites que le millimètre, s'expriment en microns (µm).
Le mètre est à la mesure de l'homme ; le millimètre est à la mesure de la fourmi ; le micron, la millième partie du millimètre, est à la mesure des bactéries ; le nanomètre enfin (nm), millième partie du micron, est à la mesure des molécules qui composent les bactéries.
De ce fait, cette science n'a débuté qu'après la mise au point du microscope par Antoine Van Leeuwenhoek, vers 1865, et ses progrès vont de pair avec ceux du microscope. Ainsi a-t-il fallu attendre l'apparition du microscope électronique pour « voir » les virus. Aujourd'hui, on possède des méthodes d'observation qui permettent de grossir plus de deux cent mille fois ce qu'avait observé Van Leeuwenhoek.
L'invention du mot « **microbe** » remonte à 1878. Le Dr Sédillot proposa ce terme pour regrouper tous les différents micro-organismes capables de provoquer une maladie infectieuse. Aujourd'hui, on préfère d'ailleurs employer le terme de **micro-organisme** car, dans ce monde microbien, il n'y a pas que des êtres nuisibles ou pathogènes.
Les micro-organismes sont indispensables à la vie. Parmi leurs nombreux rôles :
• participation au cycle géochimique et à la fertilisation des sols ;
• utilisation pour produire des aliments ainsi que des composants pharmaceutiques (notamment les antibiotiques) et industriels ;
• utilisation dans les laboratoires de recherche pour étudier les processus cellulaires ;
• « protection » de l'organisme : flore intestinale, flore cutanée, etc.

La microbiologie, qui s'intéresse à tous les micro-organismes, englobe plusieurs disciplines, dont principalement :
• la bactériologie, qui étudie les bactéries ;
• la virologie, qui étudie les virus ;
• la mycologie, qui s'intéresse aux mycètes (champignons) ; du moins la partie de la mycologie qui s'intéresse aux champignons « unicellulaires ».

À noter que la microbiologie médicale a plus particulièrement pour objet le comportement et le contrôle des micro-organismes pathogènes, responsables des maladies infectieuses chez l'homme et les animaux.
Avant de passer à l'étude de la microbiologie, voici quelques **faits historiques** intéressants à connaître.
Devant la propagation de certaines maladies, et ce depuis déjà longtemps, on postula l'existence d'agents infectieux transmissibles invisibles à l'œil nu.
Au XVIe siècle, **Fracastor**, médecin et poète italien, émet des théories sur la contagion.
En 1844, un obstétricien hongrois, **Semmelweis**, après avoir établi que la fièvre puerpérale [1] dans les maternités de Vienne était transmissible, réussit à faire passer, dans sa maternité, la mortalité des jeunes accouchées de 27 % à 0,23 %, simplement en exigeant des sages-femmes et des étudiants en médecine qu'ils se lavent les mains à l'eau de Javel (naissance de l'antisepsie).
Mais les connaissances en microbiologie n'évoluent vraiment qu'à partir de la seconde moitié du XIXe siècle avec **Louis Pasteur** (1822-1895) en France et **Robert Koch** en Allemagne.
Voici les principales découvertes de ces deux savants :
• vers 1860 (plus précisément en 1864), Pasteur montre que les microbes naissent toujours d'un microbe préexistant ; ce qui met fin à la théorie de la génération spontanée (les micro-organismes se forment spontanément dans l'eau, le sol, etc., à partir d'un matériel inorganique) ;
• vers 1860, Pasteur montre que les fermentations sont dues à des micro-organismes ;
• en 1876, Koch met au point des techniques d'examen des bactéries comme la fixation et la coloration ;
• en 1880, Pasteur démontre qu'une bactérie atténuée par vieillissement en culture et inoculée à un animal le protège contre l'injection ultérieure de la même bactérie virulente ; c'est le principe de la vaccination ;
• en 1881, Pasteur met au point la vaccination contre le charbon animal, et Koch réalise des milieux de culture permettant de « faire pousser » et d'isoler les microbes ;
• en 1882, Koch découvre le bacille responsable de la tuberculose (*Mycobacterium tuberculosis*) ;
• en 1886 Pasteur met au point la vaccination contre la rage chez l'homme.

(1) Puerpéral : qui suit l'accouchement et se termine au moment de la réapparition des règles.

DIVERSITÉ DU MONDE MICROBIEN ET NOTION DE TAXINOMIE

Un microbe ou micro-organisme fait partie d'un groupe large et extrêmement divers d'organismes. Ces organismes sont regroupés sur la base d'une seule propriété : ils sont si petits qu'ils ne sont visibles qu'au microscope. Ce mot de micro-organisme est donc utilisé pour désigner les bactéries, les mycètes (ou champignons) unicellulaires (levures et moisissures), les protozoaires, certaines algues, ainsi que les virus qui ne sont quant à eux visibles qu'au microscope électronique.
Les micro-organismes peuvent être considérés comme des organismes simples.

1 CLASSIFICATION ET ÉLÉMENTS DE TAXINOMIE

D'après le Larousse, la taxinomie (ou taxonomie) est « l'art de la classification des êtres vivants ».
Le but principal de la taxinomie est d'établir une classification, un arrangement des individus en groupes selon leurs propriétés communes. Cette classification peut être ensuite utilisée pour identifier des espèces (identification) et les nommer (nomenclature). Le principal but de la classification bactérienne a été ainsi d'être capable d'identifier des organismes bactériens pathogènes. Un grand nombre de caractères morphologiques, biochimiques et moléculaires sont mesurés.

I HISTORIQUE DE LA CLASSIFICATION

Au XVIIIe siècle, Carl Von Linné (naturaliste suédois) partage le monde vivant en deux règnes : animal et végétal.
Le règne animal comprend les protozoaires (unicellulaires) et les métazoaires (pluricellulaires). Les plantes (végétaux chlorophylliens photosynthétiques), les algues, les bactéries et les champignons appartiennent au règne végétal.
Ainsi dans chaque règne on rencontre des organismes uni- et pluricellulaires.
En 1866, Ernst Haeckel (zoologiste et embryologiste allemand) propose d'ajouter un troisième règne, celui des protistes. Ce nouveau règne regroupe la plupart des êtres unicellulaires, c'est-à-dire les bactéries, les protozoaires, les myxomycètes et autres protistes fongoïdes (champignons).

Ainsi :
- le règne animal comprend les métazoaires ;
- le règne végétal : les plantes, les algues, les champignons supérieurs ;
- le règne des protistes : les protozoaires, les myxomycètes et autres protistes fongoïdes et les bactéries.

Avec l'arrivée du microscope électronique, le développement de la biochimie, etc., la taxinomie évolue puisque l'on connaît mieux l'ultrastructure et la physiologie moléculaire des êtres vivants.
Les champignons sont ainsi séparés des végétaux et, dans le règne des protistes, on distingue :
- les protistes supérieurs, constitués d'une cellule eucaryote, avec les protozoaires, les algues unicellulaires, les champignons unicellulaires ;
- les protistes inférieurs, constitués d'une cellule procaryote, avec les bactéries.

En 1969, l'américain Wittaker propose une division du monde vivant en cinq règnes : les monères, les protistes, les mycètes, les végétaux et les animaux.
Les **monères** regroupent l'ensemble des organismes **procaryotes** (les bactéries), constitués d'une cellule sans noyau. Ce sont les premiers êtres vivants de la planète. Ils ont très peu évolués en plusieurs milliards d'années.
Les **protistes** regroupent des organismes **eucaryotes**, en majorité **unicellulaires**. Leur cellule possède un noyau. Ce règne est très disparate car l'on y retrouve les ancêtres des végétaux, animaux et mycètes. Pour simplifier le classement de ce règne, on l'a divisé en trois grands groupes :
- les protozoaires, proches des animaux ;
- les algues, proches des végétaux ;
- les protistes fongiformes, proches des mycètes (champignons).

Les **mycètes** regroupent les **eucaryotes pluricellulaires hétérotrophes** (1), ils **absorbent** leurs nutriments ; ils possèdent une **paroi.**
Les **végétaux** regroupent les **eucaryotes pluricellulaires autotrophes** (ils réalisent la photosynthèse) ; ils possèdent une **paroi**.
Les **animaux** regroupent les **eucaryotes pluricellulaires hétérotrophes**, ils **ingèrent** leurs nutriments ; ils ne possèdent pas de paroi.
Depuis 1970, on distingue les bactéries classiques (eubactéries), auxquelles appartiennent les cyanobactéries (algues bleues à tendance végétale car elles sont capables de photo-

(1) Ils ont besoin de consommer des substances organiques qu'ils ne savent pas fabriquer.

LES CINQ RÈGNES DU VIVANT DE WITTAKER (1969)

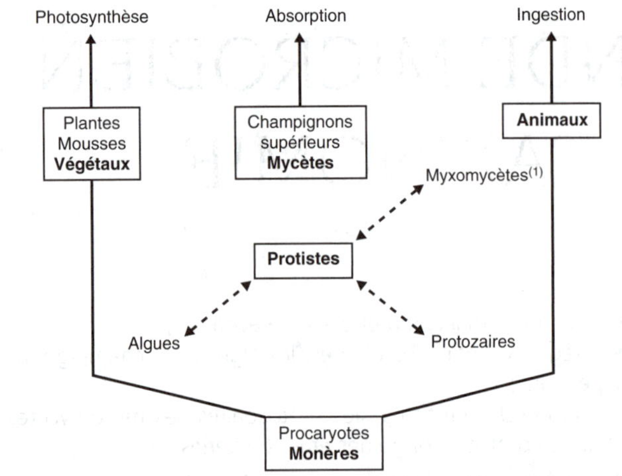

(1) Les myxomycètes sont des organismes fongoïstes (du latin fungus = champignon) très primitifs ; ils sont placés par la quasi-unanimité des mycologues à la base de la classification des champignons.

CLASSIFICATION DES ÊTRES VIVANTS

D'après C. Devillers et J. Chaline, *La Théorie de l'évolution*, Dunod, Paris.

Procaryotes	Eucaryotes			
Unicellulaires		*Pluricellulaires*		
MONÈRES (protistes inférieurs)	PROTISTES (supérieurs)	MÉTAPHYTES	CHAMPIGNONS ou mycètes	MÉTAZOAIRES
Eubactéries Archaebactéries	Protozoaires Algues unicellulaires Champignons unicellulaires	Végétaux supérieurs		Animaux supérieurs

synthèse), et les archaebactéries, qui ont un mode de vie très particulier (elles vivent le plus souvent dans des conditions « extrêmes ») ; les archaebactéries sont divisées en trois groupes : méthanogène, halophile, thermoacidophile.

Cette classification, immédiatement adoptée par les Anglo-Saxons, a eu plus de difficulté à s'implanter en France ; elle s'appuie sur la conception évolutionniste du vivant, dans le sens d'une complexité croissante ; à la base se trouvent les procaryotes, puis au-dessus les eucaryotes unicellulaires (les protistes), qui jouent un rôle charnière et vont donner naissance aux trois règnes pluricellulaires : les plantes (végétaux), les champignons (mycètes), les animaux.

La classification de Wittaker tient compte également de la diversité nutritionnelle des êtres vivants : photosynthèse chez les plantes, absorption chez les champignons, ingestion chez les animaux.

Les **virus**, bien qu'étant des micro-organismes, n'apparaissent pas dans cette classification. En effet, ils forment un monde à part, à la limite du monde vivant ; n'ayant qu'un seul des deux acides nucléiques, ils ne peuvent se reproduire de façon autonome. Pour se reproduire, ils doivent impérativement parasiter une cellule vivante qui leur fournira l'acide nucléique manquant. Les virus sont simplement un matériel génétique entouré d'un « manteau » protéique. Ils sont incapables de mener une existence indépendante.

La découverte en 1982 des **prions** a ouvert la voie à une nouvelle branche de la microbiologie.

Le prion, agent infectieux protéique (mot-valise formé à partir de l'anglais ***pro****teic vir****ion***), est une simple protéine, ordinairement présente sous sa forme normale à la surface des cellules nerveuses du cerveau (PrP) ; la forme anormale (PrPsc) de cette protéine, pathogène, se communique de proche en proche et provoque, en se repliant, l'éclatement et la disparition des cellules nerveuses ; d'où la formation de trous donnant au cerveau l'aspect d'une éponge.

Chez les bovins, la maladie est l'ESB (encéphalopathie spongiforme bovine) ; chez l'homme, c'est la maladie de Creutzfeldt-Jakob.

PRINCIPE DE LA TAXINOMIE

Très rapidement, une nécessité s'est imposée : nommer toutes les espèces de manière standard afin que, pendant leurs discussions et leurs échanges, les scientifiques soient sûrs de parler de la même chose. Les êtres vivants possèdent plusieurs noms en langage courant et cela dans toutes les langues.

Pour éviter les confusions, les scientifiques ont adopté la **nomenclature latine binomiale** inventée par le naturaliste Carl Von Linné : nom du **genre** commençant par une **majuscule,** suivi du nom de **l'espèce,** qui commence par une **minuscule**.

Le rang le plus important dans la hiérarchie taxinomique est **l'espèce** ; des espèces apparentées sont groupées en un **genre** ; l'espèce *Escherichia coli* appartient ainsi au genre *Escherichia*. Dans le langage courant, on désigne souvent une espèce par son nom français (staphylocoque doré) ou par le nom de son inventeur (*Clostridium tetani* ou bacille du tétanos ou bacille de Nicolaier).

Les espèces peuvent être divisées en individus ou souches.

Les catégories taxinomiques supérieures dans lesquelles les organismes peuvent être rangés sont successivement : la famille, l'ordre, la classe, l'embranchement, le règne.

En microbiologie, classe, embranchement et règne ne sont pas utiles.

PRINCIPAUX NIVEAUX DE CLASSIFICATION DES ÊTRES VIVANTS (D'APRÈS J. REGNAULT)

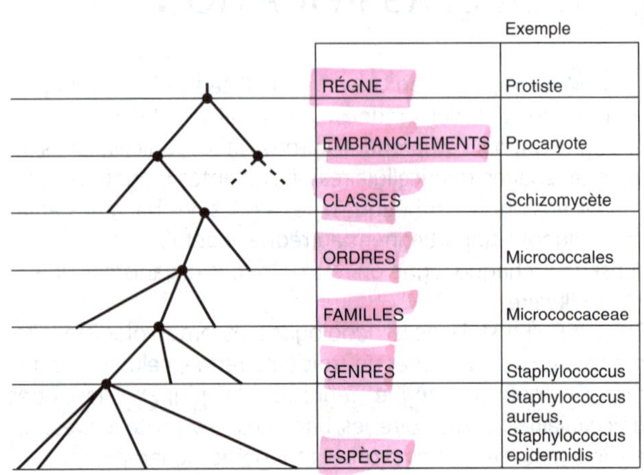

2 CELLULE PROCARYOTE, CELLULE EUCARYOTE

Les distinctions entre animaux et végétaux sont impossibles chez les êtres unicellulaires que sont les micro-organismes. Depuis 1960, la distinction utilisée se situe donc au niveau de la présence ou non d'un « vrai » noyau. La cellule eucaryote (du grec *eu,* « vrai », et *karyon,* « noyau ») possède un vrai noyau, alors que la cellule procaryote (du grec *pro,* « avant ») n'en possède pas.

CELLULE PROCARYOTE

La cellule procaryote, de structure et d'organisation rudimentaires, contient peu d'organites (seulement des ribosomes, lieu de synthèse des protéines, et des vacuoles) et un seul chromosome diffus dans le cytoplasme. Son matériel génétique ou génome, n'est donc pas inclus dans un « vrai » noyau avec membrane et nucléole. La cellule procaryote est une cellule haploïde [1].

Son enveloppe est constituée d'une membrane cytoplasmique, qui délimite le contenu cellulaire, et d'une paroi de nature glycoprotéinique qui protège la cellule du monde extérieur.

Elle ne possède pas d'organites impliqués dans la génération d'énergie, comme les mitochondries et les chloroplastes.

CELLULE PROCARYOTE

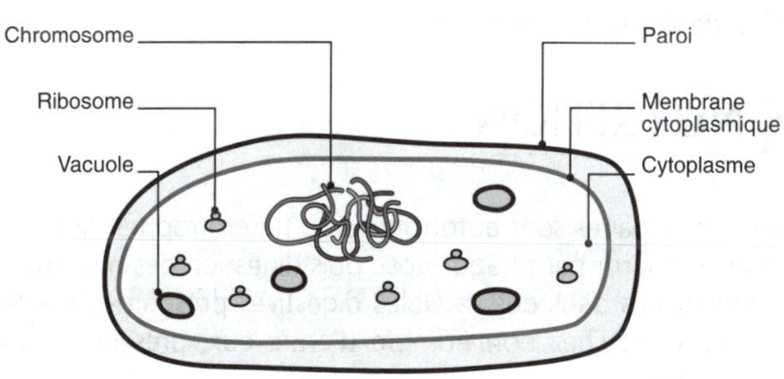

CELLULE EUCARYOTE

Environ dix fois plus grande que la cellule procaryote, la cellule eucaryote contient un « vrai » noyau, délimité par une membrane, renfermant 2*n* chromosomes (cellule diploïde) et des nucléoles.

De plus, le cytoplasme renferme de nombreux organites tels que les ribosomes, les mitochondries, le réticulum endoplasmique, des vacuoles et organites divers ; ceci traduit donc une organisation beaucoup plus complexe.

L'enveloppe est constituée d'une membrane cytoplasmique entourée ou non d'une paroi.

(1) Cellule dont chaque chromosome n'existe qu'en un seul exemplaire (cellule à *n* chromosome) ; elle est différente des cellules diploïdes pour lesquelles chaque chromosome existe en deux exemplaires (cellule à 2*n* chromosomes) en raison de la combinaison des génomes des deux parents.

CELLULE EUCARYOTE (ANIMALE)

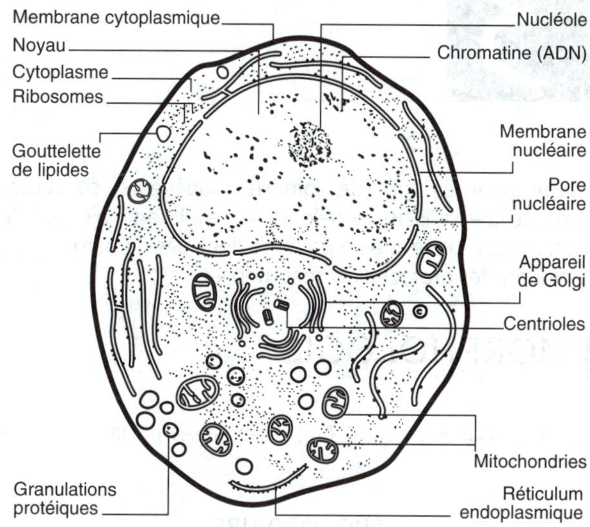

TABLEAU COMPARATIF DE LA CELLULE PROCARYOTE ET DE LA CELLULE EUCARYOTE

	Cellule procaryote	Cellule eucaryote
Taille	Petite, de 1 à 10 micromètres	Grande, de 10 à 100 micromètres
Noyau	L'ADN (environ 1 millimètre, colibacille) est organisé en un chromosome libre dans le cytoplasme ; parfois présence de plasmide (fragments d'ADN)	L'ADN (jusqu'à 1 mètre, leucocyte) est organisé en chromosomes (ou chromatine) Présence de nucléoles Membrane nucléaire
Cytoplasme	Uniquement ribosomes et vacuoles	Ribosomes Réticulum endoplasmique Mitochondries Appareil de golgi avec les centrioles Vacuoles Inclusions diverses : – gouttelettes de lipides, – granulations protéiques, etc.
Membrane cytoplasmique	Présence sur la membrane d'enzymes nécessaires à l'oxydation des molécules organiques (rôle des mitochondries de la cellule eucaryote)	Présente
Paroi	Composée de peptidoglycane (muréine)	Absente chez les animaux Chez les végétaux, paroi cellulo-pectique.
Réplication ou division	Simple : scissiparité (voir « Multiplication des bactéries », chap. 2)	Complexe : la mitose (voir cours de biologie)

À noter que les mécanismes de base de la réplication d'ADN, de la synthèse d'ARN et de la synthèse protéique sont les mêmes chez les procaryotes et les eucaryotes.

3 PROTOZOAIRES

Les protozoaires sont des protistes supérieurs, constitués d'une cellule similaire à celle de la cellule animale (cellule eucaryote). Leur cellule ne présente donc pas de paroi.
La plupart des protozoaires sont mobiles.

MORPHOLOGIE

Les protozoaires peuvent être schématisés de la façon suivante.

PROTOZOAIRE

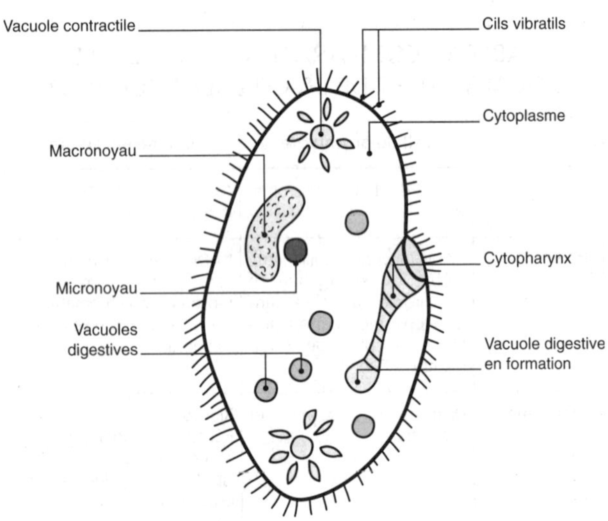

Membrane plasmique

Elle présente une structure en bicouche assez typique.
Certains d'entre eux ont une membrane épaisse présentant des dépôts de silice par exemple.

Noyau

L'ADN est organisé en chromosomes, dont le nombre varie selon les espèces.
Le noyau est composé d'un macronucléus et d'un micronucléus :

- le macronucléus, ou macronoyau, participe au métabolisme et au développement cellulaire ;
- le micronucléus, ou micronoyau, confère au protozoaire sa sexualité ; il joue un rôle dans la reproduction et il régule le macronucléus.

Structures assurant la mobilité

Flagelle

Le flagelle, qui ressemble à celui de la bactérie, est un cylindre, de nature protéique, entouré d'une membrane ; il est doué de mouvements ondulatoires et permet le déplacement du protozoaire.

Cils

Les cils, sortes de flagelles miniatures, propulsent le protozoaire grâce à des battements généralement coordonnés.

Pseudopodes

Les pseudopodes sont des prolongements rétractiles du cytoplasme.

Organites du cytoplasme

Vacuoles pulsatiles ou contractiles

Elles n'existent que chez les protozoaires vivant librement en eau douce ; leur rôle principal est de réguler la pression osmotique intracellulaire en rejetant l'eau absorbée.

Mitochondries

Elles diffèrent de celles de la cellule eucaryote dans la mesure où elles ne synthétisent pas d'ATP ; elles fabriquent des intermédiaires métaboliques pour les réactions de synthèse.

Ribosomes

Lieu de production des protéines.

NUTRITION

Les protozoaires sont autotrophes ou hétérotrophes. Ils peuvent se nourrir par phagocytose puis digestion des particules phagocytées dans des vacuoles digestives présentes dans le cytoplasme ; chez bon nombre d'entre eux, présence d'un cytopharynx.

REPRODUCTION

Les protozoaires se reproduisent soit de manières asexuée, par scissiparité, soit de manière sexuée.

RAPPORTS AVEC LES AUTRES ORGANISMES VIVANTS

Les protozoaires peuvent présenter des effets bénéfiques et des effets délétères.

Effets bénéfiques

Certains protozoaires vivent en symbiose avec des bactéries et des algues dans l'intestin de certains animaux. Ainsi la microflore intestinale des mammifères herbivores est constituée de bactéries, de mycètes, de protozoaires ciliés dont le rôle est de contrôler la population microbienne par son alimentation et d'assurer certaines parties du métabolisme gastrique de l'hôte.

Effets délétères

Certains protozoaires parasitent l'organisme humain et sont donc pathogènes pour l'homme.
Il en est ainsi pour :

• *Entamoeba histolytica,* responsable de la dysenterie amibienne caractérisée par des diarrhées, des douleurs abdominales, de la fièvre. Elle est traitée par du Flagyl® (métronidazole) ;
• *Trypanosoma gambiense,* responsable de la maladie du sommeil ;
• *Toxoplasma gundii,* responsable de la toxoplasmose.
• les *Plasmodium*, responsables du paludisme qui, chaque année, tue entre 1,5 et 2,7 millions de personnes ; chaque année, il y a environ 400 millions nouveaux cas.

4 ALGUES UNICELLULAIRES

Les algues sont apparues il y a environ 1,5 milliard d'années lors de la formation d'eucaryotes photosynthétiques. Elles ne survivent pas à une sécheresse sévère et on les trouve principalement dans l'eau ou les terres humides.

STRUCTURE

La plupart des algues protistes sont des organismes unicellulaires.
La cellule est de type eucaryote et possède souvent un ou deux flagelles pouvant être insérés aux pôles de la cellule ou à ses faces latérales.
La cellule possède également des chloroplastes de structure variable, dont la forme et le pigment constituent des caractères taxinomiques majeurs.

MÉTABOLISME

Les algues sont pour la plupart phototrophes c'est-à-dire que le carbone et l'énergie dont elles ont besoin sont extraits du dioxyde de carbone de l'atmosphère grâce à la photosynthèse (voir cours de botanique).
Néanmoins certaines espèces se nourrissent par phagocytose ou saprophytisme.

REPRODUCTION

Les algues se multiplient par **scission binaire**, mode de reproduction asexuée caractéristique des organismes unicellulaires.
Dans des conditions optimales, cette scission binaire peut être très rapide et mener à une explosion de la population, comme par exemple les marées rouges dues à des algues du genre chrysophycée (dinoflagellé).
Chez certaines algues, les cellules filles ne se séparent pas de la cellule mère et l'ensemble forme un thalle dont les parois sont constituées de cellulose imprégnée parfois de silice ou de carbonate de calcium.
À noter que les algues présentent également une reproduction sexuée caractérisée par la formation de gamètes.

RAPPORT AVEC LES AUTRES ÊTRES VIVANTS

Les algues présentent des effets bénéfiques et des effets néfastes pour les autres êtres vivants.

Effets bénéfiques

Parmi les principaux effets bénéfiques, on peut retenir ceux-ci :
• les algues, associées à des bactéries et grâce à la matière organique dissoute dans l'eau, sont à la base de la chaîne alimentaire aquatique ; ainsi, l'on estime la production dans les océans à environ 5.10^{10} tonnes par an ;
• les algues, principalement les dinoflagellés et les algues vertes, peuvent créer une symbiose avec des mycètes, les lichens par exemple, et des animaux tels que les protozoaires, les anémones de mer, les coraux (ceux-ci ne peuvent construire des récifs que si l'algue symbiotique est présente) ; les algues fournissent du glycérol, du glucose, des acides organiques à l'animal qui fournit aux algues le dioxyde de carbone, l'azote, le phosphate et certaines vitamines.
• les diatomées (algue brun jaune), à leur mort, tombent dans le fond de la mer ; elles forment alors des dépôts que l'homme utilise comme agent filtrant, matière isolante, produit anti-incendie, insecticide, etc. ;
• certaines algues sont bioluminescentes (bleu-vert) ; cette bioluminescence est utilisée en médecine pour marquer les cellules qui peuvent être ensuite visualisées au microscope ou ciblées en thérapie.

Effets néfastes

Plusieurs espèces de dinoflagellés marins contiennent des toxines qui peuvent s'accumuler dans les fruits de mer ; si ces derniers sont consommés par l'homme, les toxines pourront provoquer une paralysie. Ainsi la saxitoxine, qui est à

l'origine d'une paralysie de la bouche, des lèvres, de la face réversible après quelques heures.
L'homme, en mangeant la chair de certains poissons contaminés par la ciguatoxine, peut souffrir de troubles gastriques, de lésions du système nerveux central et d'une insuffisance respiratoire.
Certaines diatomées peuvent produire une substance qui s'accumule dans les moules ; l'homme, en mangeant les moules, se contamine et peut souffrir d'amnésie brève, mais elle peut aussi provoquer la mort.
Dans l'eau contaminée par des déchets agricoles riches en nitrates, on peut observer le phénomène d'eutrophisation, caractérisé par la présence d'une population d'algues très importante et de bactéries vivant des substances produites par ces algues.

5 SUJETS DE REFLEXION

1) Vrai, faux
   - 1.1 Les protozoaires sont des protistes procaryotes
   - 1.2 Les bactéries sont des protistes procaryotes
   - 1.3 Les virus sont des protistes
   - 1.4 Une cellule procaryote possède un noyau
   - 1.5 Le cytoplasme d'une cellule eucaryote contient de nombreuses organites
   - 1.6 La paroi est toujours présente dans une cellule procaryote
   - 1.7 Une cellule eucaryote se reproduit pa mitose
   - 1.8 La cellule procaryote est diploïde
   - 1.9 Les protozoaires sont le plus souvent mobiles
   - 1.10 Les protozoaires présentent le plus souvent une paroi
   - 1.11 Les algues unicellulaires sont phototrophes
   - 1.12 Les virus possèdent les 2 acides nucléiques
   - 1.13 Bactérie et monère représentent la même chose
   - 1.14 Les champignons sont des mycètes

2) Citer les protistes procaryotes

3) Citer les protistes eucaryotes

4) La flore commensale cutanée de l'homme est composée entre autre de *Staphylococcus aureus* et *Staphylococcus epidermidis* ; indiquer ce que représente les termes en italique

5) Compléter le tableau suivant

	Algue unicellulaire	**Bactérie**	**Champignon unicellulaire**	**Protozoaire**	**Virus**
Cellule procaryote ou eucaryote					
Paroi					
Acide nucléique					
Type trophique					
Taille					
Type de reproduction					

BACTÉRIES

Les bactéries (du grec *baktéria,* « bâton ») sont probablement les premiers organismes apparus sur la terre et les seuls qui soient restés identiques à eux-mêmes depuis plusieurs milliards d'années ; elles sont présentes partout. Les bactéries sont les plus petits êtres vivants qui existent sur la Terre. Il y a plus de bactéries dans quelques centimètres cubes de sol ordinaire qu'il n'y a d'êtres humains sur la planète.

Largement répandues dans la nature, elles jouent un rôle capital à la fois par :
- la variété de leurs espèces ;
- leur reproduction rapide ;
- la diversité des phénomènes où elles interviennent :
  - rôle fondamental dans le cycle de la matière : passage de l'état minéral à l'état organique, et vice versa,
  - intervention dans l'équilibre biologique des espèces,
  - précieux matériel de recherche biologique, c'est l'outil préféré des généticiens,
  - rôle très important dans les maladies de l'homme, des animaux ou des plantes...

1 MORPHOLOGIE ET STRUCTURE

La bactérie, organisme unicellulaire dont les dimensions sont de l'ordre du micromètre (1), est constituée d'une cellule **procaryote**.

Elle possède un génome ou matériel nucléaire réparti dans un cytoplasme entouré d'une enveloppe constituée d'une membrane cytoplasmique, d'une paroi et pour certaine d'entre elles d'une capsule.

Une cellule bactérienne peut être schématisée de la façon suivante :

STRUCTURE D'UNE BACTÉRIE

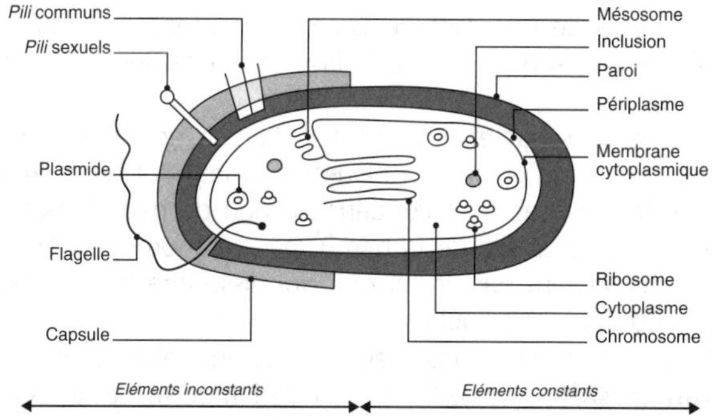

(1) Micromètre = 10^{-6} mètre.

Les éléments retrouvés de façon constante, chez toutes les bactéries sont :
- le chromosome bactérien ;
- le cytoplasme avec ses inclusions et les ribosomes ;
- la membrane cytoplasmique ;
- la paroi.

Les éléments inconstants qui ne sont présents que chez certaines bactéries sont :
- la capsule ;
- les flagelles ;
- les pili ;
- les plasmides ;
- la spore.

Étudions maintenant chaque constituant ; en effet, la connaissance des différentes structures est nécessaire à la compréhension du métabolisme des bactéries.

ÉLÉMENTS CONSTANTS

Génome

Le génome bactérien est un filament d'acide désoxyribonucléique (ADN) qui est le chromosome unique de la cellule.

La molécule d'ADN (voir cours de biochimie) est bicaténaire ; elle est constituée de deux chaînes. Chaque chaîne est constituée d'une succession d'acide phosphorique et de désoxyribose sur lequel est fixée une base azotée. Il existe quatre bases azotées complémentaires deux à deux : adénine (A) et thymine (T) d'une part, cytosine (C) et guanine (G) d'autre part. Les deux chaînes sont reliées entre elles par les bases azotées ; elles sont donc complémentaires l'une de l'autre.

L'ADN bactérien est sous forme super-enroulée, ce qui provoque une torsion de la molécule et réduit son volume (l'ADN *d'Escherichia coli* a une longueur de 1 mm alors que la cellule est un cylindre de 1,7 μm × 0,65 μm).

L'ADN des bactéries, comme l'ADN de toute cellule, est le support des informations transmises aux ribosomes qui effectuent les synthèses des protéines.

Le chromosome bactérien est la cible des quinolones (1re et 2e générations), des oxyquinoléines, des nitrofuranes et des nitro-imidazolés (antibiotiques).

Outre cette grande molécule d'ADN, les bactéries renferment souvent de petites molécules d'ADN circulaires appelés plasmides.

Cytoplasme, ribosomes et inclusions

Le cytoplasme, constitué d'une solution aqueuse de cytosol dans laquelle flottent les divers organites, occupe tout l'espace intracellulaire et n'est pas séparé du chromosome.

Sa consistance est plutôt visqueuse, elle est comparable à du blanc d'œuf.

Il contient essentiellement les ribosomes, associés sous forme de polysomes qui assurent la synthèse des protéines. Ces ribosomes donnent au cytoplasme son aspect granuleux.

Les ribosomes sont la cible de nombreux antibiotiques comme les aminosides, les phénicolés, les cyclines, les macrolides, l'acide fusidique, les lincosamides et les synergistines.

Le cytoplasme contient également des inclusions :

- les réserves de glycogène ;
- les vacuoles gazeuses présentes chez certaines bactéries.

Le cytoplasme diffère donc de celui de la cellule eucaryote, par l'absence d'appareil de Golgi, de réticulum endoplasmique et de mitochondries.

Membrane cytoplasmique

La membrane cytoplasmique entoure le cytoplasme et présente la structure lipoprotidique de toutes les membranes cellulaires. Elle est très souple.

Elle est constituée d'une double couche de lipides associée à des protéines ; deux couches hydrophiles entourent une couche hydrophobe. Certaines de ces protéines sont constitutives, d'autres ont un rôle de transport permettant les entrées et sorties de différentes substances telles que les ions Na^+, K^+, Cl^-, les sucres et les acides aminés ; ce sont les **porines**.

Elle présente de nombreuses invaginations dont les plus caractéristiques sont les mésosomes, dont le rôle est encore mal connu ; le filament d'ADN est rattaché à un de ces mésosomes.

Chez les bactéries, la membrane cytoplasmique assure en plus le rôle des mitochondries des cellules eucaryotes, c'est-à-dire fournir l'énergie nécessaire au métabolisme de la bactérie. Elle est également le site d'activités enzymatiques permettant le passage et l'absorption sélective des substrats nutritifs pour la bactérie, présents dans le milieu extérieur.

La membrane cytoplasmique est la cible des antibiotiques polypeptidiques, les polymyxines, des antiseptiques, des antifongiques tels que l'amphotéricine B (Fungizone®).

ULTRASTRUCTURE DE LA MEMBRANE CYTOPLASMIQUE

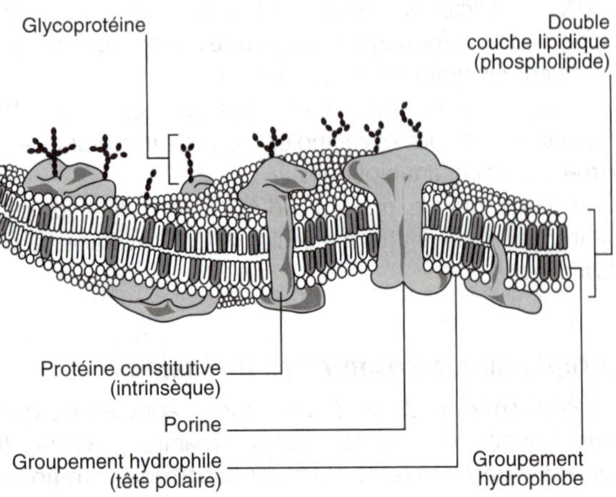

Paroi

Structure

La paroi de toutes les bactéries (eubactéries) est composée d'un **peptidoglycane : la muréine**. Le peptidoglycane (macromolécule insoluble) est constitué de chaînes glucidiques reliées entre elles par des peptides. Une des meilleures illustrations de la structure de la paroi est donnée par J.-P. Auffray (*Le Monde des bactéries*) : « La paroi est formée d'un ou plusieurs saccules comparables à des "chemises" enfilées les unes sur les autres. Ces saccules se composent de muréine qui forme un long filament enroulé autour de la bactérie, chaque tour étant relié par endroits aux tours adjacents par des liaisons chimiques de façon à former une véritable "cotte de maille". Ce tissu est très solide et très résistant à la déchirure. »

Toutes les bactéries n'ont pas la même paroi.

La paroi des bactéries **à Gram positif** contient un très grand nombre de saccules (PG), formant une paroi épaisse, d'environ 20 à 80 nanomètres [1] ; elle représente 30 % du poids sec de la bactérie.

La paroi des bactéries **à Gram négatif** contient deux à trois saccules (PG), « recouvertes » d'une couche lipidique de structure proche de celle de la membrane cytoplasmique (ME). Cette paroi, plus mince (maximum 30 nanomètres) ne représente que 15 % du poids sec. La nature des lipides (LPS) présents est responsable de la relative toxicité de ces bactéries.

ULTRASTRUCTURE DE LA PAROI

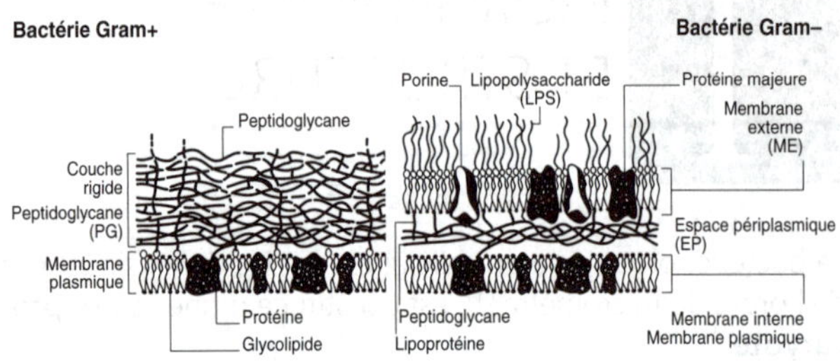

Une méthode de coloration simple, la **coloration de Gram,** permet de différencier ces bactéries. La différence de composition chimique des parois des bactéries explique la différence de réaction de ces bactéries à cette coloration.

En 1884, le bactériologiste danois **Hans Gram** colore avec du violet de gentiane une préparation contenant des bactéries. Il traite la préparation avec une solution diluée contenant de l'iode (colorant de Gram), elle prend une couleur violette, bleu-noir. Ensuite, il lave la préparation avec de l'alcool.

Certaines des bactéries présentes dans la préparation perdent aussitôt la coloration bleu-noir : elles sont dites **Gram négatif** ; ces bactéries contiennent peu de peptidoglycane (10 % du poids sec de la paroi) mais les nombreux lipides présents laissent passer l'alcool, qui dissoudra les colorants contenus dans le cytoplasme.

D'autres bactéries conservent la couleur, elles sont dites **Gram positif**. Leur paroi, du fait de l'importance du pepti-

(1) 1 nanomètre = 10^{-9} mètre.

doglycane (90 % du poids sec de la paroi), s'oppose à la pénétration de l'alcool.

Pour visualiser les bactéries à Gram négatif (qui sont incolores), on soumet la préparation à un deuxième colorant : la fuscine, qui colore ces bactéries en rose.

Les bactéries Gram + sont donc violettes et les bactéries Gram – sont roses.

À noter qu'il existe des bactéries qui échappent au test : celles qui sont dépourvues de paroi comme les mycoplasmes. On les colore par la coloration de Ziehl. Ces bactéries sont acido-alcoolo-résistantes. Leur paroi, riche en acides gras à longues chaînes et en cires, s'oppose à la pénétration de l'alcool et de l'acide.

Rôles

La paroi, présente chez toutes les bactéries à l'exception des mycoplasmes, entoure celle-ci et lui donne sa forme caractéristique (coque, bâtonnet, etc.).

Elle assure la rigidité de la bactérie, la protège contre les variations de pression osmotique (une bactérie qui n'a plus de paroi meurt), lui permet d'effectuer des échanges avec le milieu environnant : pénétration des différents substrats nécessaires à la bactérie, excrétion de ses différents déchets.

La paroi est séparée de la membrane cytoplasmique par un espace appelé espace péri-plasmique (EP) ; dans cet espace sont présentes des enzymes qui dégradent les substances prélevées dans le milieu extérieur et nécessaires au métabolisme bactérien. C'est dans cet espace que l'on trouve également les bêta-lactamases capables d'hydrolyser les bêta-lactamines et donc de les inhiber.

Elle est antigénique.

La paroi est la cible de certains antibiotiques qui bloquent sa synthèse (inhibition de la synthèse du peptidoglycane), comme les bêta-lactamines (pénicillines et céphalosporines), la fosfomycine, les glycopeptides (vancomycine). Le lysozyme, substance présente dans les liquides biologiques et notamment les sécrétions (larmes, salive, etc.) ou dans le cytoplasme des cellules phagocytaires, hydrolyse le peptidoglycane, ce qui fragilise la bactérie.

ÉLÉMENTS INCONSTANTS

Les éléments qui ne sont présents que chez certaines bactéries sont : la capsule, les flagelles, les pili, les plasmides et les spores.

Capsule

La capsule est une structure extérieure non constante qui entoure la bactérie.

Elle est le plus souvent polysaccharidique (c'est-à-dire glucidique).

La capsule est un facteur de virulence car elle protège la bactérie de la phagocytose, de la dessiccation, des virus.

La capsule est une surface d'adhérence au substrat ou avec d'autres bactéries.

La capsule, enfin, est antigénique, et les antigènes présents à sa surface sont responsables de la réponse immunitaire de l'organisme « colonisé » par la bactérie.

Exemples de bactéries avec capsule :

- le pneumocoque (*Streptococcus pneumoniae*) responsable de pneumonies, de méningites ;
- le bacille du charbon (*Bacillus anthracis*) ;
- *Klebsiella pneumoniae*, responsables d'infections respiratoires, urinaires, neuro-méningée, etc.

Flagelles

Les flagelles ou cils naissent de la membrane cytoplasmique ou de la paroi. Ce sont des structures rigides qui permettent la mobilité de la bactérie.

Ils sont constitués d'une protéine : la flagelline, protéine globulaire.

La longueur et la disposition des flagelles varient d'une bactérie à l'autre et selon la disposition des flagelles, on distingue cinq types de ciliatures :

- ciliature monotriche : un seul flagelle polaire ;
- ciliature lophotriche : présence au pôle de la bactérie d'une touffe de flagelles ;
- ciliature amphitriche : à chaque pôle de la bactérie, présence d'un flagelle ;
- ciliature péritriche : de nombreux flagelles entourent toute la bactérie ;
- les spirochètes ont un flagelle interne dénommé filament axial.

LES DIFFÉRENTS TYPES DE CILIATURE

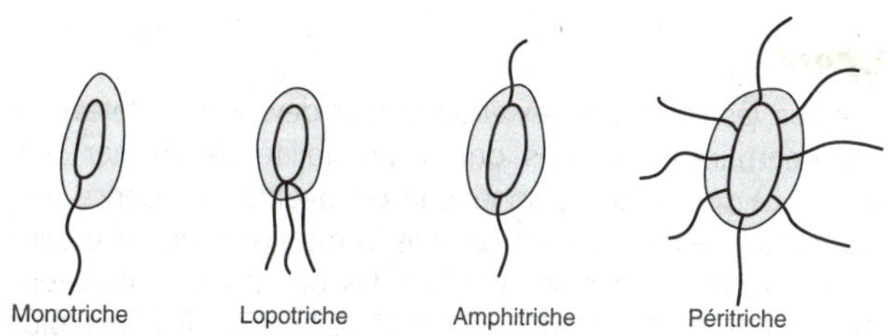

Certains flagelles ont une longueur qui peut atteindre quarante fois celle de la bactérie.

Les flagelles présentent également des antigènes.

Les bactéries sans flagelles sont appelées « atriches ».

Pili

Les pili, ou poils, observés au microscope électronique sont présents, quand ils existent, sur la paroi.

On distingue deux sortes de pili : les pili communs et les pili sexuels.

Pili communs

Courts et cassants, ils servent, entre autre, à l'adhésion des bactéries aux interfaces, notamment adhésion sur les tissus épithéliaux et sur la membrane des cellules phagocytaires ; ils sont donc un facteur de virulence.

Pili sexuels

Plus longs, ils relient deux bactéries entre elles et permettent ainsi les échanges entre ces deux bactéries, notamment échange de matériel génétique. Les bactéries « mâles » sont celles capables de produire des pili sexuels ; les autres bactéries sont dites « femelles ».

Plasmides

Les plasmides sont constitués de petites molécules d'ADN circulaires.
Ils portent, comme le chromosome, des informations génétiques. Ils constituent le matériel génétique extra-chromosomique.
Contrairement au chromosome bactérien, ils sont extrêmement mobiles et peuvent passer facilement d'une bactérie à l'autre, et même d'une espèce bactérienne à l'autre. Une fois dans la cellule bactérienne hôte, ils peuvent s'intégrer au chromosome bactérien.
Ils sont autonomes et donc capables de se répliquer indépendamment du chromosome.
Ils codent pour la synthèse de différentes enzymes conférant à la bactérie qui les possède des caractères particuliers, comme la résistance aux antibiotiques. Ils codent également pour l'élaboration de toxines chez les Entérobactéries.
La capacité des plasmides à pénétrer dans les cellules bactériennes et à s'intégrer au chromosome en fait des outils très utiles pour insérer un gène dans une cellule bactérienne ; les plasmides sont employés de cette façon en génie génétique.

Spore

Lorsque les conditions extérieures leur deviennent défavorables, certaines bactéries ont la possibilité de former une spore. La spore, corps sphérique ou ovoïde très dense, est une structure de résistance et une forme de survie ; elle peut « vivre » des années (les tombes des pharaons contenaient des spores depuis plus de quatre mille ans). Il n'y a plus d'échange avec le milieu extérieur, la bactérie ne se nourrit plus et stoppe toute activité, elle ne se reproduit donc pas.
La bactérie peut résister ainsi :
• à une pénurie de nourriture ;
• à une élévation importante du pH ;
• à une modification de la température du milieu ambiant. La spore résiste à la pasteurisation (température supérieure à 65 °C) et il faut dix minutes d'autoclave à 120 °C pour la détruire. Elle résiste également au froid (jusqu'à – 70 °C) ; elle n'est donc pas détruite par la surgélation ni la congélation ;
• à une dessiccation (sécheresse) ;
• aux rayons ultraviolets ;
• à certains désinfectants, antiseptiques (ammoniums quaternaires, chlorhexidine), antibiotiques, etc.

Cette grande résistance explique les problèmes de l'hygiène en milieu hospitalier, la décontamination est plus difficile ; le point important de la stérilisation est la destruction des spores.

RÉSISTANCE À LA CHALEUR DES BACTÉRIES

Spores bactériennes	Chaleur sèche	Chaleur humide
Clostridium perfringens	50 min à 120 °C 5 min à 140 °C	5 min à 120 °C
Clostridium tetani	30 min à 140 °C 1 min à 180 °C	10 min à 120 °C
Clostridium botulinum	120 min à 120 °C 5 à 10 min à 180 °C	20 min à 120 °C

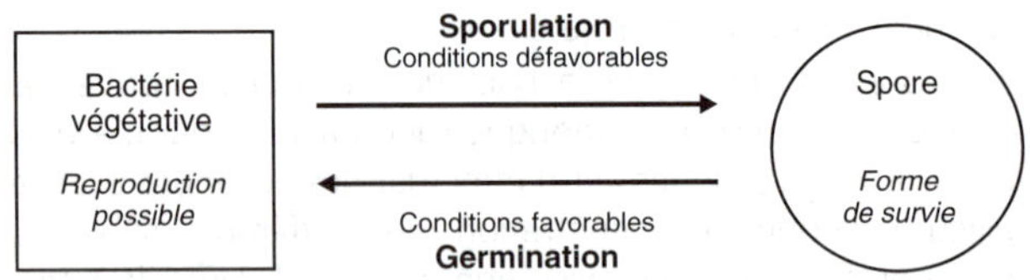

La **sporulation**, transformation de la bactérie en spore quand les conditions de vie deviennent défavorables, se déroule de la façon suivante :
• tout d'abord, réorganisation du matériel génétique, qui se condense à une extrémité de la bactérie et se sépare de la bactérie pour donner la pré-spore ;
• puis maturation de la spore, qui se déshydrate et s'entoure de plusieurs enveloppes constituées de lipides, protéines, polysaccharides ;
• enfin, sous l'effet d'une enzyme lytique pour la paroi bactérienne, la spore est libérée.

SPORULATION, GERMINATION

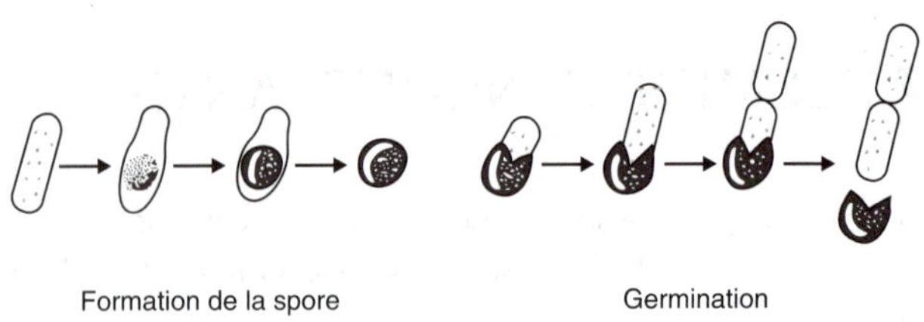

La sporulation ne se produit que pour quelques cellules au sein d'une population bactérienne.
Du point de vue chimique, la spore est composée d'un constituant particulier lui conférant notamment ses propriétés de thermorésistance ; c'est une structure très déshydratée.
Quand les conditions redeviennent favorables, notamment en ce qui concerne l'humidité, les spores reprennent leur forme végétative (elles « germent » comme une graine) ; ce phénomène est la **germination**. La germination, qui dure de quarante à soixante minutes, se déroule ainsi : la spore gon-

fle par hydratation intense et rapide, puis disparition des enveloppes.
Le phénomène de sporulation se rencontre chez : les *Bacillus*, les *Clostridium*, les *Sporosarcina* et les *Sporolactobacillus*. Les espèces importantes en pathologie sont notamment : *Clostridium perfringens* (gangrène gazeuse), *Clostridium tetani* (tétanos), *Clostridium botulinum* (botulisme), *Bacillus anthracis* (maladie du charbon).

2 CLASSIFICATION

Les bactéries, comme nous l'avons vu dans le chapitre 1, se répartissent en deux grands groupes : les **Archaebactéries** (ou Archéobactéries) et les **Eubactéries**.
Les Archéobactéries, êtres vivants les plus anciens sur terre, constituent un groupe hétéroclite composé de trois familles qui se différencient principalement par la nature du milieu dans lequel elles vivent.
Nous ne nous intéresserons qu'à la classification des Eubactéries.
À l'origine, les bactéries étaient nommées en fonction du rôle qu'elles jouaient, notamment dans les maladies infectieuses (par exemple, bacille de la peste, de la tuberculose, du tétanos, etc.) ; quelquefois, la nomenclature précisait leur morphologie (par exemple, vibrion cholérique). Puis la possibilité d'étudier les bactéries en culture a permis de les classer en famille, genre, espèce, sur la base de leurs caractères physiologiques.
La nomenclature actuelle conserve un nom latin : nom de genre à initiale majuscule suivi du nom d'espèce à initiale minuscule (*Mycobacterium tuberculosis*). À noter que, souvent, le nom courant est le nom français (staphylocoque doré).
Le nom de genre fait souvent référence à la morphologie (par exemple, *Bacillus*, *Staphylococcus*) ou représente un hommage au microbiologiste ayant étudié le groupe bactérien (*Neisseria*, *Pasteurella*, *Yersinia*).
Le nom d'espèce évoque soit une fonction particulière *in vitro* (*liquefasciens, aerogenes, denitrficans*), soit la maladie provoquée par l'espèce (*tuberculosis, typhi, tetani*).
Aujourd'hui, le nom des nouvelles espèces découvertes est choisi arbitrairement et soumis à l'approbation d'un comité international de nomenclature.
À ce jour, deux milles espèces ont pu être identifiées et classées. Les espèces sont elles-mêmes divisées en souches ou sérovars.

CRITÈRES DE CLASSIFICATION

Les critères de classification sont si nombreux qu'il existe plusieurs classifications. On peut distinguer les bactéries en fonction :

- de leur aptitude à **sporuler** : bactérie sporulée et bactérie asporulée ;
- de leur réaction à la **coloration de Gram** : les bactéries Gram + sont violettes, les bactéries Gram –, roses ;
- de leur **condition de vie** : aérobie, anaérobie, aéro-anaérobie ;
- de leurs **formes**.

La classification la plus couramment utilisée tient compte de trois d'entre eux : la forme, la coloration et la faculté de se développer ou non en présence d'oxygène.
Selon la forme, on distingue trois grands groupes : les bactéries en forme de bâtonnet, les bactéries en forme de sphère, les bactéries incurvées ou spiralées.

BACTÉRIES EN FORME DE BÂTONNETS

Appelées **bacilles** : ils sont plus ou moins longs (de 1 à 50 micromètres), plus ou moins épais (de 0,2 à 5 micromètres), souvent dotés de flagelles qui assurent la mobilité.

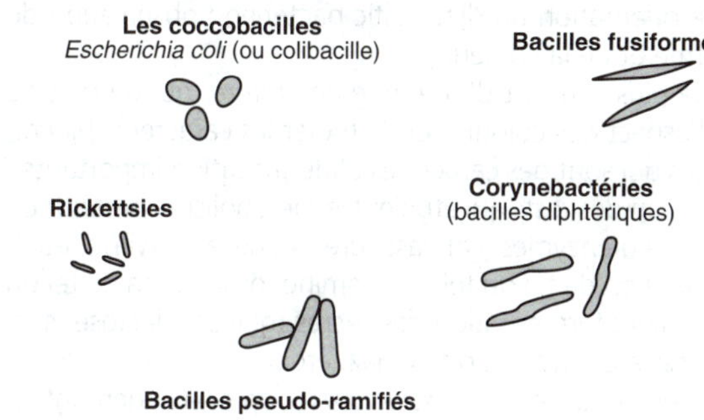

BACTÉRIES EN FORME DE SPHÈRES (COQUES, COCCI)

De 1 à 2 micromètres de diamètre, les coques peuvent être groupées par deux, comme :

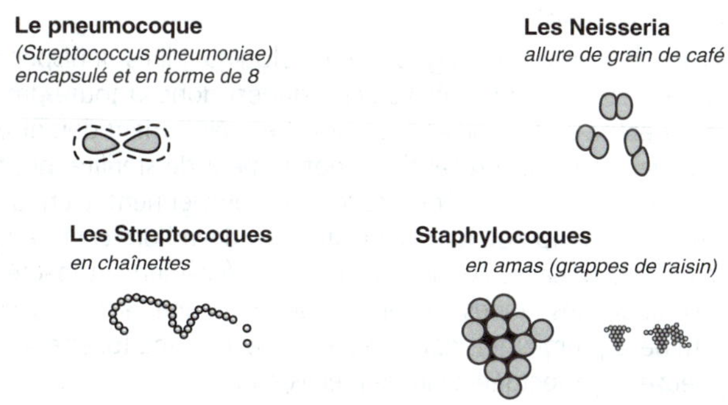

BACTÉRIES DE FORME INCURVÉE ET SPIRALÉE

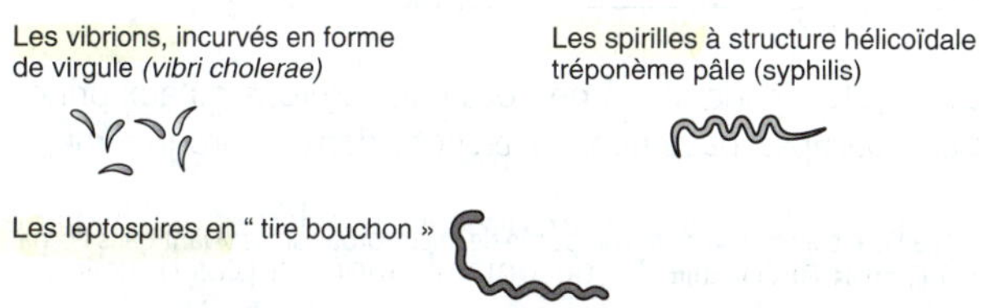

D'autres bactéries, les mycoplasmes, sont dépourvues de paroi rigide et n'ont donc pas de forme déterminée ; ce sont les plus petites des bactéries.

TECHNIQUES UTILISÉES POUR LA MISE EN ÉVIDENCE DES BACTÉRIES

Le diagnostic biologique des maladies infectieuses se fonde sur deux types de recherches : l'examen direct et l'examen indirect :

- **examen direct** : c'est la recherche de l'agent pathogène dans les humeurs ou les tissus du malade. Il consiste en :
  - *l'examen microscopique,* précédé d'une coloration (le plus souvent la coloration de Gram), permet de faire une première orientation du diagnostic bactérien : observation de la forme et de la couleur ;
  - suivi le plus souvent d'une *mise en culture,* qui permet de voir l'aspect des colonies et d'étudier les caractères biochimiques qui sont des caractères d'identification importants ; ils utilisent des tests qui étudient le métabolisme protéique : présence d'enzymes (catalase, uréase, décarboxylase, etc.), dégradation de tel ou tel acide aminé, production de tel ou tel peptide, fermentation des sucres (glucose, lactose, saccharose, etc.), formation de gaz, etc. ;
  - la *recherche* de *certaines structures* propres à l'agent infectieux, comme des antigènes fixés ou mis en circulation.
- **examen indirect** : il consiste à rechercher et à titrer des anticorps spécifiques (produits lors de la réaction immunitaire de l'organisme à l'introduction dans ce dernier de la bactérie ; voir partie « Immunologie ») apparus dans les humeurs, en particulier dans le sérum. Cette étude est, pour cette raison, souvent désignée sous le nom de « sérologie » ou sérodiagnostic.

Avant de réaliser ce diagnostique biologique, il est indispensable d'effectuer un prélèvement, qui est donc la toute première étape de la mise en évidence. Ce prélèvement doit être fait avec certaines précautions, notamment de stérilité, pour être sûr que les bactéries retrouvées proviennent bien de l'infection et non de la manipulation ou de la flore commensale [(1)] du malade. Ainsi pour un ECBU (examen cytobactériologique des urines), il faut recueillir l'urine, après avoir éliminé le premier jet, dans un flacon stérile ; une toilette soigneuse est effectuée avant le prélèvement.

PRINCIPAUX GROUPES BACTÉRIENS

Dans cette étude, nous ne nous intéresserons qu'aux principaux groupes bactériens référencés dans le programme, à savoir : les staphylocoques, les streptocoques, les *Neisseria*, les entérobactéries, les *Pseudomonas* et apparentés, les vibrions, les *Clostridium*, les *Bacillus* et les *Listeria*. Nous y ajouterons néanmoins les mycobactéries.

(1) La flore commensale est composée de micro-organismes vivant dans l'organisme, mais sans lui nuire.

Caractères respiratoires, morphologiques, tinctoriaux

Bactéries aérobies

Cocci à Gram +

Groupement en amas	*Staphylococcus* ou staphylocoques, famille des Micrococcaceae	*Staphylococcus aureus* : – immobile, non sporulé, sans capsule, possède une coagulase (enzyme spécifique) – colonies lisses, luisantes, bombées, jaunes *Staphylococcus epidermidis* : colonies blanches, pas de coagulase
Groupement en chaînette	*Streptococcus* ou streptocoque, famille des Streptococcaceae	Caractérisés par : – hémolyse [(1)] : alpha incomplète, bêta complète (halo clair autour de la colonie), gamma absente – antigénicité : groupes A, B, C, D, G. Exemple : *Streptococcus A* bêta-hémolytique : longue chaîne entourée d'une zone d'hémolyse, immobile, non sporulé ; aéro-anaérobie.
Groupement par deux	Pneumocoque ou *Streptococcus pneumoniae*	Capsulé, en forme de 8, hémolyse alpha ; la colonie a un aspect de « pneu »

(1) Destruction des globules rouges.

Cocci à Gram –

Groupement par deux, en « grain de café »	*Neisseria,* famille des Neissericeae	Les deux espèces pathogènes, *Neisseria gonorrhoeae* et *N. meningitidis,* se différencient essentiellement par la fermentation du maltose : + pour *N. meningitidis*, – pour *N. gonorrheae*

Bacilles à Gram +

Grand (5 µm de long)	Genre *Bacillus*, très hétérogène	*Bacillus anthracis* : sporulé, capsulé, immobile (le seul du genre)
Petit	*Listeria*	*Listeria monocytogenes* : non capsulé, non sporulé, mobile à 20 °C, mais immobile à 37 °C
		Corynebacterium diphteriae

Bacilles à Gram –

	Entérobactéries	*Pseudomonas* et apparentés (*Flavobacterium*)
Type respiratoire	Aéro-anaérobie	Aérobie strict
Caractères morphologiques	Glucose + (fermentent le glucose) Oxydase – Réduisent les nitrates en nitrites	Glucose – (ne fermentent pas le glucose) Oxydase + Production de pigment
Mobilité	Ciliature péritriche ou immobile	Mobile, monotriche
Espèces	*Escherichia coli* ou colibacille : lactose + et entérotoxine spécifique *Klebsiella pneumoniae* : immobile et capsulée *Salmonella* : lactose – et un certain nombre de caractères biochimiques spécifiques ; la souche est mise en évidence par le sérodiagnostic. *Yersinia pestis* (agent de la peste)	*Pseudomonas aeruginosa* (bacille pyocyanique) produit deux pigments qui permettent un diagnostic facile : la pyocyanine bleu-vert et la pyoverdine jaune-vert

Vibrion (Gram –)

La famille des **Vibrionaceae** regroupe trois genres : *Vibrio* (le seul dont nous parlerons), *Aeromonas, Plesiomonas*.

Les vibrions sont mobiles (ciliature polaire) ou immobiles, réduisent les nitrates en nitrites, fermentent les glucides (glucose +), sont oxydase +.

Les vibrions peuvent être confondus avec les entérobactéries et les *Pseudomonas*.

La distinction avec :

• les entérobactéries est basée sur l'oxydase possédée par le genre *Vibrio* ;

• les *Pseudomonas* : le vibrion est aéro-anaérobie, il fermente le glucose sans production de gaz.

Le genre *Vibrio* regroupe de nombreuses espèces vivant essentiellement dans l'eau ; trois espèces sont pathogènes pour l'homme et en particulier une, *Vibrio cholerae,* responsable du choléra.

L'examen direct montre des bacilles très mobiles, en forme de virgule, groupés en « banc de poissons ».

Bactéries anaérobies strictes

Bacilles à Gram +, sporulés

Le genre *Clostridium* comprend de nombreuses espèces pathogènes : *Clostridium perfringens, Clostridium botulinum, Clostridium tetani*.

Les *Clostridium* produisent des spores qui abondent dans le sol, beaucoup de gaz et peuvent donner une odeur (l'odeur du prélèvement permet d'orienter le diagnostic) :

• *Clostridium perfringens* est un saprophyte ubiquitaire (1) et un commensal du tube digestif. Il produit une puissante toxine hémolysante et nécrosante et peut être à l'origine de gangrènes gazeuses (odeur caractéristique) à la suite de blessures souillées de terre ou plus rarement à la suite de plaies opératoires (chirurgie digestive ou vasculaire) ; il peut également être à l'origine de toxi-infections alimentaires collectives souvent bénignes ;

• *Clostridium botulinum* produit une toxine thermolabile neurotrope qui est à l'origine de la maladie : le botulisme (2). L'homme se contamine en ingérant la toxine présente dans les aliments en conserve ou semi-conserve (jambon, asperges, poissons, etc. (3)) ;

• *Clostridium tetani* ou bacille de Nicolaier est l'agent responsable, par sa toxine, du tétanos (voir « Pathologie infectieuse »). Il a une morphologie caractéristique : forme en tête d'épingle due à la présence d'une spore terminale déformante.

(1) Il est présent partout : dans l'environnement, sur le matériel, la peau, les muqueuses, etc.
(2) Le botulisme se manifeste par des troubles digestifs, des troubles oculaires et des paralysies.
(3) Attention aux boîtes de conserve bombées.

Habitat et pouvoir pathogène

	Habitat	Pouvoir pathogène
Staphylococcus aureus ou staphylocoque doré	Ubiquitaire	Bactérie pyogène ; infections cutanées, osseuses, génito-urinaires, etc. (suppuration), infections nosocomiales
Staphylococcus epidermidis ou staphylocoque blanc	Présent essentiellement sur la peau, moins dangereux que *S. aureus*	
Streptococcus A bêta-hémolytique	Pharynx	Les streptococcies aiguës bénignes (angines) ou sévères sont susceptibles d'occasionner les syndromes post-streptococciques : rhumatisme articulaire aigu (RAA), glomérulonéphrite aiguë, etc.
Pneumocoque	Oropharynx	Pneumonie, otite, méningite, etc., chez les enfants et les personnes âgées.
Entérocoques	Commensal de l'homme et des animaux	Infections urinaires, abdominales, endocardite, septicémie, etc. Opportuniste
Neisseria gonorrhoeae	Voies génitales	Blennorragie, MST (1)
Neisseria meningitidis	Pharynx	Méningite cérébro-spinale
Bacillus anthracis ou bacille du charbon	Ubiquitaire, spore	Charbon (anthrax)
Listeria monocytogenes	Ubiquitaire	Listériose avec atteintes neuro-méningées en particulier chez les nouveau-nés et les personnes âgées
Corynebacterium diphteriae	Oropharynx	Diphtérie
Escherichia coli ou colibacille	Tube digestif, contamination oro-fécale	Infections urinaires, hépato-biliaires, génitales, etc.
Klebsiella pneumoniae		Infections respiratoires, urinaires, neuro-méningées, etc.
Salmonella		Deux formes : – septicémique : fièvre typhoïde, paratyphoïde – digestive : toxi-infection alimentaire
Pseudomonas aeruginosa	Ubiquitaire, flore commensale du tube digestif et de la peau	Suppuration et infections hospitalières graves ; infections opportunistes.

(1) Maladies sexuellement transmissibles.

Mycobactéries

La famille des **Mycobacteriaceae** ne comprend que le genre *Mycobacterium,* dans lequel on distingue de nombreuses espèces dont *Mycobacterium tuberculosis* et *Mycobacterium leprae* ou bacille de Hansen, responsable de la lèpre.

La **paroi** des mycobactéries diffère de celle des autres bactéries : elle est particulièrement riche en lipides ; les mycobactéries sont dites alcoolo-acido-résistantes et sont mises en évidence par la coloration de **Ziehl-Neelsen**.

Mycobacterium tuberculosis est un bacille assez long, légèrement incurvé, dont les colonies sont caractéristiques : rugueuses, de couleur beige.

Il est l'agent de la tuberculose, couramment appelé bacille de Koch ou plus simplement BK.

Le BK est un pathogène strict de l'homme.

3 NUTRITION ET CROISSANCE

BESOINS NUTRITIFS

Les synthèses bactériennes requièrent :
- des matériaux de base ;
- de l'énergie, nécessaire à l'assemblage et au remaniement de ces matériaux de base.

L'étude de la nutrition des bactéries consiste donc à rechercher leurs besoins élémentaires et les possibilités de les satisfaire. Elle pose aussi le problème de la source d'énergie.
Selon les groupes bactériens, les différentes sources d'énergie et de substrats carbonés utilisés définissent le type trophique [1] de la bactérie.

Matériaux de base

L'analyse chimique et biochimique nous indique :
- qualitativement et quantitativement, les éléments chimiques constituant la bactérie ;
- la nature des molécules qui participent à l'architecture de la cellule bactérienne.

Éléments chimiques

Les éléments chimiques que la bactérie prélève dans le milieu environnant pour croître et se multiplier sont :
- C, H, O, N, P, S : ces six éléments, comme dans la cellule eucaryote, sont présents en grande quantité ;
- K, Na, Ca, Mg, Cl, Fe, Mn, etc., sont présents, mais en quantité beaucoup plus faible ;
- Al, Zn, Co, Cu, etc., n'existent qu'à l'état de traces : ce sont les oligo-éléments.

Eau

Le principal composant de la bactérie est l'eau, qui représente environ 80 % du poids de la bactérie.
La vitalité des cultures bactériennes est étroitement dépendante de la teneur en eau du milieu de culture.
Contrairement aux cellules eucaryotes, les bactéries ne possèdent pas de système permettant une régulation et une épargne de la concentration hydrique dans leur cytoplasme. Cependant, les bactéries ne meurent pas par manque d'eau ; il n'y a que leur multiplication qui est stoppée ; dès que les conditions d'humidité redeviennent satisfaisantes, le développement peut reprendre.

Molécules carbonées

Le carbone, qui représente plus de 50 % du poids sec de la bactérie, est à la base des quatre types de macromolécules constituant le vivant : protéines, lipides, glucides et acides nucléiques.
Les sources de carbone sont très variées.
Selon la source minérale ou organique du carbone, les biologistes ont décrit les bactéries **autotrophes** et les bactéries **hétérotrophes :**
- les bactéries **autotrophes** utilisent, comme les plantes photosynthétiques, le carbone du gaz carbonique ;
- bactéries **hétérotrophes** puisent le carbone dont elles ont besoin dans les substrats organiques.

Facteurs de croissance

Le **facteur de croissance** est une substance indispensable pour la croissance de la bactérie ; facteur dont elle ne sait pas effectuer la synthèse. Elle doit donc, pour se multiplier, le trouver dans le milieu extérieur.
Les facteurs de croissance sont : les vitamines, les acides aminés, etc.
Les bactéries qui ont besoin de facteurs de croissance sont dites **auxotrophes**. Elles sont notamment incapables de synthétiser certains acides aminés.
Certaines bactéries, dites **prototrophes,** peuvent synthétiser tous les produits dont elles vont avoir besoin à partir d'un substrat carboné simple. Elles n'ont donc pas besoin de facteurs de croissance puisqu'elles savent les synthétiser.

Besoins en azote

Les besoins en azote des bactéries sont généralement assurés par les produits de dégradation des substrats organiques. Quelques espèces sont néanmoins capables de fixer directement l'azote de l'atmosphère ou d'assimiler les nitrates et les nitrites ; ces bactéries jouent un rôle très important en agronomie.

Source d'énergie

L'énergie nécessaire à la synthèse des macromolécules, est fournie, comme pour les cellules humaines, par **l'adénosine triphosphate (ATP)** synthétisée par la bactérie (voir cours de biochimie).
Comment la bactérie satisfait-elle ses besoins en énergie ?
Les bactéries **phototrophes** utilisent l'énergie lumineuse ; ces bactéries photosynthétiques possèdent des pigments qui captent l'énergie lumineuse et la transforment en énergie chimique.
Les bactéries **chimiotrophes** puisent leur énergie dans l'oxydation de substances chimiques.

À noter que ces différentes dénominations peuvent s'assembler ; on parle ainsi de bactéries : photo-autotrophes, photo-hétérotrophes, chimio-autotrophes, chimio-hétérotrophes.

Notion de milieu de culture

Un milieu de culture est une préparation au sein de laquelle des micro-organismes peuvent se développer ; il permet la culture puis l'étude des bactéries.

(1) Du mot grec *trophê*, « nourriture ».

Un bon milieu de culture doit satisfaire aux conditions suivantes :

- couvrir les besoins en sels minéraux, apporter une ou plusieurs sources de carbone ainsi que les facteurs de croissance exigés par le micro-organisme à étudier ;
- être isotonique, c'est-à-dire présenter une pression osmotique voisine de celle du cytoplasme de la bactérie ;
- présenter un pH voisin de la valeur optimale de la bactérie étudiée.

On distingue deux catégories de milieux de culture :

- les **milieux synthétiques,** dont la composition est exactement connue, qualitativement et quantitativement. Ils sont conçus en fonction des exigences d'un micro-organisme ou d'un groupe de micro-organismes voisins. Ces milieux sont surtout utilisés pour étudier les bactéries autotrophes du sol ;
- les **milieux empiriques** : ils sont de loin les plus utilisés. Les éléments minéraux, la source de carbone, la source d'énergie et les facteurs de croissance sont apportés par un extrait de viande ou de levure, par des peptones (riches en acides aminés libres et provenant de la dégradation des protéines), éventuellement par des liquides biologiques tels que le sang, par exemple.

Certains milieux empiriques sont enrichis de diverses substances pour la culture de micro-organismes très exigeants.
Les milieux de culture sont soit sous forme liquide (la culture se fait en tube ou en flacon) soit sous forme solide (la culture se fait dans des **boîtes de Pétri**, gélose nutritive).
Les milieux choisis dépendent de la nature du prélèvement, de la bactérie à rechercher, du résultat de l'examen direct, etc.
La croissance en milieu solide permet la visualisation de colonies de bactéries.
L'isolement des bactéries permet ensuite de poursuivre l'identification.

MULTIPLICATION DES BACTÉRIES

Comme tout être vivant, la bactérie se reproduit. À la différence de l'homme, la bactérie peut se reproduire de manière sexuée ou asexuée.

Reproduction asexuée ou scissiparité

La plupart des bactéries se reproduisent de manière asexuée par **scissiparité** : une cellule-mère, en phase de croissance, par simple division donne naissance à deux cellules filles identiques entre elles et identique à la cellule mère.
Ce mécanisme, associant la réplication du chromosome bactérien et l'élongation puis le clivage du corps cellulaire, est en partie comparable à la multiplication des cellules par mitose.
La réplication semi-conservatrice du chromosome, c'est-à-dire de la molécule d'ADN, s'opère par séparation des deux chaînes de l'ADN chromosomique ; chaque chaîne sert de matrice pour la construction d'une chaîne complémentaire.
L'initiation, le déroulement et la régulation de la division sont gouvernés par des enzymes présentes sur la membrane cytoplasmique, au niveau du mésosome, où est accroché le chromosome bactérien.
De plus, les mésosomes constituent l'élément d'attachement du chromosome à la membrane cytoplasmique. Les deux brins d'ADN se séparent, de part et d'autre du sillon de division, grâce au déroulement du chromosome autour de son point d'attachement à la membrane cytoplasmique.
La membrane cytoplasmique synthétise les constituants de la paroi formant le futur septum ou sillon de division.

LES DIFFÉRENTES ÉTAPES DE LA DIVISION D'UNE BACTÉRIE

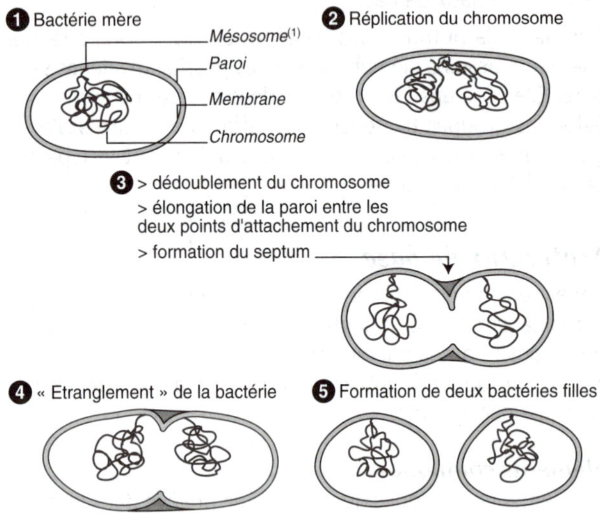

(1) *Le mésosome constitue le point d'attachement du chromosome à la membrane cytoplasmique.*

Reproduction sexuée

Certaines bactéries, telle *Escherichia coli,* se reproduisent aussi par **conjugaison,** phénomène qui ressemble à une reproduction sexuée.
Une cellule dite mâle ou donneuse introduit la totalité ou un fragment de son matériel génétique : chromosome et plasmides, par l'intermédiaire d'un tube de conjugaison, dans une cellule dite femelle ou receveuse.
Comme dans la reproduction sexuée, les chromosomes bactériens, supports du matériel héréditaire, se recombinent entre eux. Le plus souvent, un fragment de chromosome du donneur est incorporé dans le chromosome receveur.
Ce mode de reproduction permet un renouvellement de l'information génétique des bactéries. C'est ainsi qu'une bactérie peut acquérir des capacités de résistance à un antibiotique par exemple (voir « Mutation chromosomique », chapitre 5).
À noter que le génome bactérien est susceptible de subir des modifications rapides créant de nouveaux génotypes mieux adaptés aux circonstances extérieures. C'est un peu comme si l'homme était capable de modifier son patrimoine génétique pour avoir un troisième œil. L'adaptation est rendue possible par une mutation.

Notion de colonie

La croissance en milieu de culture solide permet la visualisation de colonies de bactéries. Elle permet également la numération des bactéries viables [1].

Chaque colonie correspond théoriquement à un **clone** [2] dérivant d'une seule cellule bactérienne dont la descendance s'est accumulée au site où a été déposée la bactérie « mère ».

La méthode courante pour isoler une souche pure est, après avoir inoculé la culture sur une boîte de Pétri contenant un milieu nutritionnel, de réaliser une succession de stries à angle droit sur cette boîte.

COMMENT STRIER UNE CULTURE BACTÉRIENNE POUR OBTENIR DES COLONIES ISOLÉES ET PURES

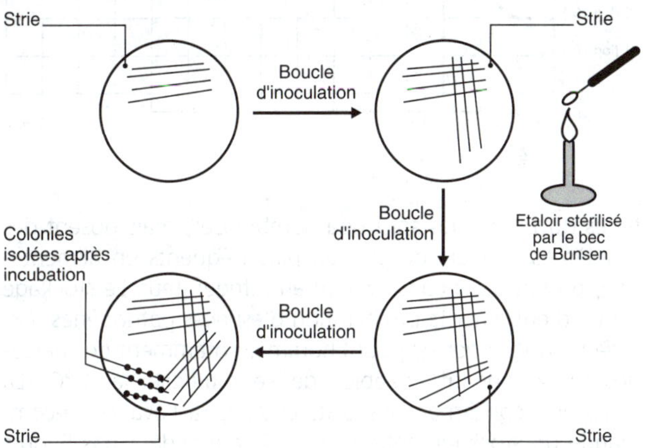

Pour chaque colonie on peut observer :

- la taille : de 0,1 mm à plusieurs centimètres ;
- la forme : les contours peuvent être lisses, dentelés, etc. ; la surface peut être lisse, brillante, rugueuse, de couleur blanche, jaunâtre, rouge, etc. ; la colonie peut avoir un aspect bombé, creux, etc.

L'observation des colonies est importante pour le bactériologiste car elle oriente souvent l'identification de la bactérie ; la confirmation est apportée par l'étude des caractères biochimiques ou métaboliques.

Ainsi :

- des colonies de couleur crème, en forme de chou-fleur, font penser au genre *Bacillus* ;
- des colonies jaunes de petite taille, aux contours nets doivent faire suspecter des *Staphylococcus aureus* ; si ces colonies sont blanches, on pensera à un *Staphylococcus epidermidis*.

(1) Voir « Croissance bactérienne ».
(2) Du grec *khlôn*, « jeune pousse ».

CROISSANCE D'UNE POPULATION BACTÉRIENNE EN MILIEU NON RENOUVELÉ

Les bactéries sont capables de se multiplier dans des milieux de culture liquides ou sur milieux solides artificiels, dans des conditions physico-chimiques proches de leur écosystème naturel.

Le mécanisme général de la croissance bactérienne, étudiée par culture *in vitro*, est celui du **remplacement d'une cellule « mère » par deux cellules « filles »**.

À chaque division, il y a donc un **doublement de la population bactérienne**, et cela se produit avec une périodicité constante pour chaque espèce bactérienne dans un milieu de culture donné.

Le terme de « croissance bactérienne » désigne donc plus précisément la croissance d'une population bactérienne.

Techniques de suivi de mesure

L'estimation de la croissance bactérienne est basée sur deux critères : la **masse cellulaire** et la **concentration cellulaire,** c'est-à-dire le nombre de bactéries qui augmente dans des proportions variables au cours de la croissance.

La **masse cellulaire** est mesurée selon la densité optique [3] du milieu. Elle est réalisée sur des milieux liquides.

Le nombre de bactéries viables ou **concentration cellulaire** est estimé d'après le nombre d'unités formant colonie sur milieu de culture solide. On effectue un comptage des colonies apparues à la surface du milieu au bout d'un temps d'incubation optimal pour chaque espèce bactérienne.

Paramètres de croissance

Les bactéries sont en division constante, et les deux paramètres de croissance en milieu non renouvelés sont : le **taux de croissance** et le **temps de génération**.

Le **taux de croissance** est le nombre de divisions pour une bactérie en un temps donné ; il est le plus souvent exprimé pour une heure.

Le taux de croissance permet de calculer le nombre de bactéries atteint au bout d'un certain nombre d'heures, lorsque la croissance se poursuit au même rythme.

Ainsi, si la bactérie à un taux de croissance de 3 :

- au bout de 1 heure, on a : $2^3 = 8$ bactéries ;
- au bout de 3 heures, on a : $2^{3x3} = 2^9 = 512$ bactéries ;
- au bout de 4 heures, on a : $2^{3x4} = 2^{12} = 4\,096$ bactéries.

Si la croissance n'était pas limitée par la quantité de nutriments disponibles, la masse des bactéries produites à partir d'une seule bactérie dépasserait au bout de 48 heures la masse de la Terre ! Ceci démontre très clairement la néces-

(3) La densité optique est le logarithme décimal de l'opacité ; donc, plus les bactéries sont nombreuses, plus l'opacité est importante et plus la densité optique est grande.

sité de respecter des règles d'hygiène très rigoureuses quand on manipule des produits biologiques.

Le **temps de génération** ou temps de doublement, est le **temps que met une bactérie « mère » pour donner deux bactéries « filles », c'est-à-dire le temps nécessaire au doublement de la population.**

Il varie selon les espèces : il peut aller de 10 minutes à 30 heures ; il est de 20 minutes pour *Escherichia coli* et de 12 heures pour *Mycobacterium tuberculosis*. Le temps de génération dépend de l'environnement : température, pH, humidité, nutriments.

Courbes de croissance

Lorsque l'on ensemence un milieu nutritif liquide avec un nombre donné de bactéries, on peut établir la courbe de croissance de ces bactéries en fonction du temps.

Cette courbe comporte quatre phases : la phase de latence, la phase de croissance exponentielle, la phase stationnaire et la phase de décroissance :

- **phase de latence – 1 –** : sa durée varie en fonction de l'espèce bactérienne et selon les conditions plus ou moins favorables du milieu de culture ; elle correspond à l'accoutumance des bactéries à leur environnement et au temps nécessaire à la synthèse des premières enzymes permettant d'assimiler les constituants du milieu ;
- **phase de croissance exponentielle – 2 –** : durant cette phase, toutes les bactéries sont vivantes et se reproduisent. La pente de la courbe durant cette phase est d'autant plus grande que les conditions du milieu de culture sont adaptées à l'espèce bactérienne. La détermination graphique de la pente permet de calculer le taux de croissance ;
- **phase stationnaire – 3 –** : elle correspond au maximum de rendement de la croissance ; les bactéries ne se reproduisent plus et vivent sur leurs réserves ;
- **phase de décroissance – 4 –** : elle traduit le déclin de la population bactérienne consécutif à la mort de certaines bactéries ; cette mort est due à l'empoisonnement des bactéries par leurs catabolites toxiques (souvent, le produit final de la réaction devient toxique quand il atteint une concentration donnée) et les importantes modifications de pH du milieu.

Influence des conditions de milieu

Les principaux paramètres intervenant sur la croissance bactérienne sont : la température, le pH, la pression osmotique, la teneur en eau du milieu.

Influence de la température

Chaque espèce a une température optimale.

En général, les bactéries pathogènes pour l'homme ont un optimum thermique de 37 °C ; ce sont des bactéries **mésophiles**. Ce sont les plus nombreuses, elles se développent dans des températures comprises entre 20 et 40 °C.

Les bactéries dont la température optimale est inférieure à 20 °C sont dites **psychrotrophes**. Les bactéries **psychrophiles** se multiplient aux alentours de 0 °C ; ce sont les bac-

COURBE DE CROISSANCE BACTÉRIENNE

Cette courbe a été tracée à partir de lait stérile ensemencé avec *Escherichia coli* et incubé à 37 °C ; milieu liquide non renouvelé.

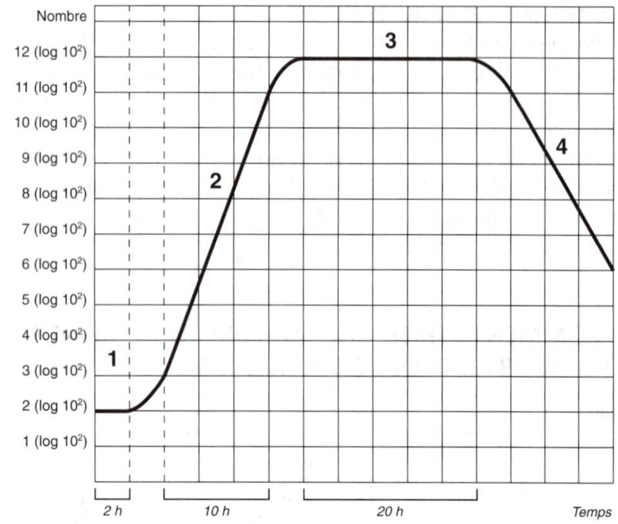

téries du froid. Elles sont peu nombreuses, mais posent des problèmes majeurs de plus en plus fréquents en alimentation, du fait de la conservation au réfrigérateur. Le stockage risque d'entraîner la prolifération d'espèces pathogènes (*Listeria monocytogenes*) pour l'homme, notamment des bactéries Gram négatif capables de se multiplier à 4 °C. La législation concernant les plats cuisinés (à l'avance) recommande un stockage entre 0 et 3 °C, n'excédant pas 5 jours (en plus du jour de préparation) ; ce délai correspond à la durée de la phase de latence des bactéries psychrophiles.

Les bactéries qui résistent à des températures supérieures à 40 °C sont des bactéries **thermophiles.** Elles sont peu nombreuses ; un exemple est donné par les bactéries du genre *Thermophilus,* qui se développent dans les eaux thermales chaudes, les *Clostridium*, les bactéries lactiques des yaourts.

En principe, les hautes températures détruisent les bactéries, sauf celles qui sporulent ; à noter qu'il existe un lien étroit entre temps et température : plus la température sera élevée, moins le temps nécessaire pour la destruction des bactéries et notamment des spores sera important (à 100 °C, 5 minutes suffisent pour détruire *Escherichia coli* mais, à 80 °C, il faut 30 minutes).

L'action de la température sur les micro-organismes comporte de très nombreuses applications au niveau du stockage ou de la distribution des aliments frais et des plats préparés.

ACTION DE LA TEMPÉRATURE SUR LA CROISSANCE BACTÉRIENNE

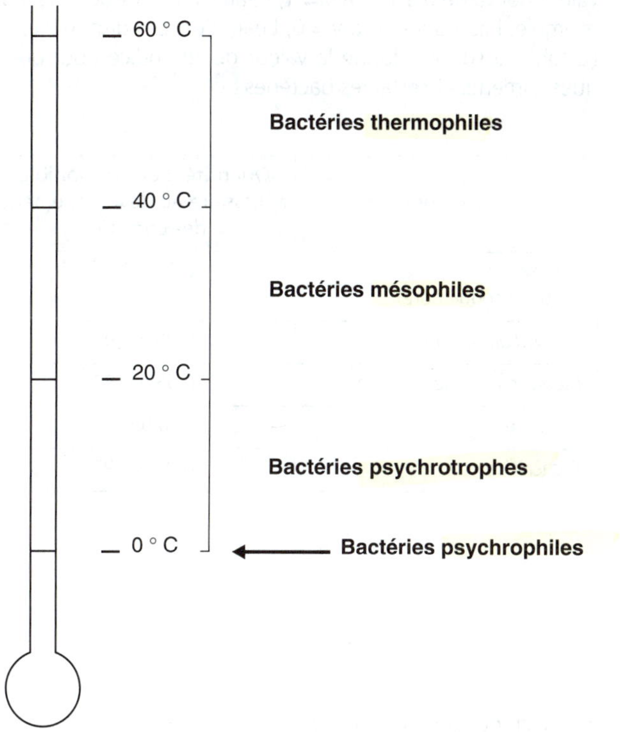

Influence du pH

Le pH optimal au développement de la plupart des bactéries se situe aux alentours de la neutralité, (bactéries neutrophiles) c'est-à-dire un pH de 7 (entre 6 et 9), c'est-à-dire le pH de nombreux aliments.

Néanmoins, certaines bactéries se développent mieux en milieu acide, bactérie acidophile (pH inférieur à 7), alors que d'autre prolifèrent à un pH basique supérieur à 9 (bactérie basophile).

Bactérie	pH optimal
Thiobacillus (bactéries lactiques)	0-4
Staphylococcus aureus	4-9
Salmonella	4-9
Escherichia coli	5-9
Clostridium botulinum	5-9
Neisseria meningitidis	6-9
Streptococcus pneumoniae	6-9
Bacillus pasteurii	9-12

À noter que le pH de nombreux aliments est favorable à la multiplication bactérienne.

Aliments	pH
Bœuf	5-6
Poisson	6
Lait	6
Beurre	6
Carottes	5-6
Pomme de terre	5-6

L'acidification suffisante des aliments permet leur conservation :

- légumes au vinaigre ;
- ajout d'acide citrique dans les boissons aux fruits.

Influence de la pression osmotique et de la teneur en eau

La sensibilité à la pression osmotique [1] d'un milieu, et en particulier à sa concentration en chlorure de sodium (NaCl), est plus ou moins importante selon les espèces ; néanmoins, la plupart des bactéries sont tolérantes à de grandes variations de pression osmotique, grâce aux systèmes de régulation exercés par la membrane cytoplasmique et à la rigidité de la paroi.

ÉTUDE DE L'ACTION DE LA PRESSION OSMOTIQUE SUR LES BACTÉRIES

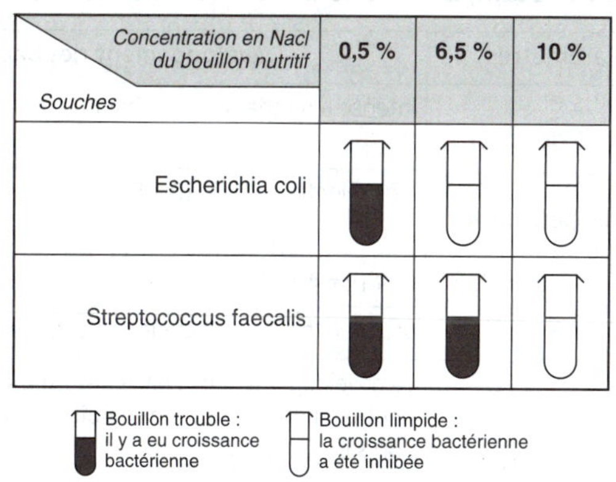

La pression osmotique créée par une concertation de 10 % en NaCl inhibe la croissance de *Streptococcus faecalis* et d'*Escherichia coli* ; par contre, un milieu concentré à 6,5 % n'inhibe que la croissance d'*Escherichia coli.*

Chez toutes les bactéries, les pressions osmotiques élevées (du milieu) agissent en faisant sortir l'eau de la bactérie ; ce phénomène entraîne une inhibition de la multiplication. Les bactéries ont besoin d'eau pour proliférer.

(1) La pression osmotique est la force qui s'exerce entre deux milieux de concentrations différentes, séparés par une membrane semi-perméable. C'est la pression de l'eau qui se déplace du milieu le moins concentré (ou le plus dilué) vers le milieu le plus concentré (ou le moins dilué).

La croissance bactérienne est donc importante dans les milieux riches en eau comme le sont les aliments tels que : viande, lait, fruits, etc. De ce fait, leur durée de conservation est courte. Par contre, les aliments pauvres en eau comme les pâtes, le riz, les fruits et légumes secs se conservent très bien.

La quantité d'eau disponible nécessaire à la vie des bactéries est mesurée par un indice appelé **aw**. L'indice aw a une valeur qui va de 0 à 1 (si aw = 1, l'eau est très disponible, par exemple, l'eau pure ; si aw = 0, l'eau n'est pas disponible). Le tableau suivant donne la valeur de cet indice pour quelques aliments et certaines bactéries :

Aliments uv	Indice de disponibilités aw
Lait	0,90
Viande	0,90 à 0,97
Poisson frais	0,95 à 0,99
Lait en poudre	0,30 à 0,50
Biscuits	0,20 à 0,40
Végétaux ou fruits frais	0,92 à 0,99
Céréales	0,50 à 0,70
Miel	0,60
Œufs	0,97

Bactéries	Quantité d'eau disponible nécessaire au développement des bactéries
Staphylococcus aureus (staphylocoque doré)	0,85 à 0,87
Clostridium perfringens	0,95 à 0,97
Pseudomonas aeruginosa	0,95 à 0,97
Salmonella	0,950
Escherichia coli	0,95 à 0,97

Les aliments pourront donc se conserver par :
• la salaison, qui consiste en un ajout de sel ; néanmoins, certaines bactéries comme les vibrions et le staphylocoque doré aiment le sel ;
• le sucrage, ajout de sucre ;
• la déshydratation (lyophilisation).

Tableau récapitulatif des différentes influences

Paramètres	Développement des bactéries	Conséquences
Température	Intense à température ambiante	Pas de stockage de denrées périssables à température ambiante (détérioration rapide)
	Très ralentie au froid (0 à 5 °C)	Réfrigération des aliments, mais attention aux bactéries psychrophiles.
	Stoppée à + 60 °C	Cuisson et liaison « chaude » dans la distribution des repas
	Stoppée (mais les bactéries ne sont pas tuées) à – 18 °C	Congélation pour conservation
pH	Le développement des bactéries est maximal dans la zone neutre ; il diminue puis disparaît au fur et à mesure que l'on s'en éloigne	La plupart des aliments ont un pH proche de 7, donc propice au développement des bactéries. L'acidification des aliments permet leur conservation : légumes au vinaigre, adjonction d'acide citrique (boissons aux fruits), aliments obtenus par fermentation lactique (choucroute, yaourts). Certains antiseptiques ou désinfectants exercent leur action antibactérienne par un pH acide ou basique élevé
Pression osmotique, teneur en eau	Les bactéries sont peu sensibles à la pression osmotique, elles sont protégées par leur paroi. Pour stopper leur développement, il faut des pressions osmotiques importantes.	Conservation des aliments par salaison (ajout de sel, minimum 20 % par rapport au poids d'eau de l'aliment) ou sucrage (minimum 50 % de sucre par rapport au poids d'eau de l'aliment).
	La multiplication des bactéries est : – intense dans les milieux aqueux peu concentrés en solutés (aw proche de 1) – ralentie dans les milieux plus concentrés – stoppée dans les milieux pauvres en eau (aw proche de 0)	Conservation des aliments par déshydratation (lyophilisation)

4 MÉTABOLISME BACTÉRIEN

Le métabolisme bactérien consiste en l'étude des différents types respiratoires et des fermentations.
La capacité de synthèse des bactéries et des champignons est prodigieuse ; 5 tonnes de levures (champignons) produisent en 24 heures 50 tonnes de protéines, alors que, dans le même temps, 5 tonnes de bœuf n'en produisent que 500 grammes.

À noter que les métabolismes bactériens et fongique présentent de nombreux points communs.

QU'EST-CE QUE RESPIRER ?

Contrairement à ce que l'on pourrait supposer (par analogie avec la respiration humaine), la respiration d'une bactérie ne consiste pas nécessairement à absorber de l'oxygène.
Nombreuses sont les bactéries qui « respirent » des substances qui, pour l'homme, seraient toxiques : nitrates, sulfates, fumarates, etc.
En réalité, respirer, pour une bactérie, consiste à utiliser une molécule pour accepter (accepteur) en bout de chaîne l'hydrogène H ou plus exactement le proton H^+ et les électrons produits lors de l'oxydation du substrat (l'oxydation est une perte d'électrons).

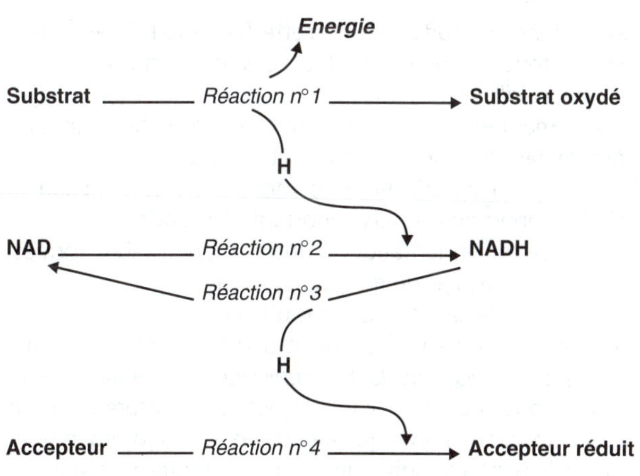

Lors de la réaction n° 1, le substrat est oxydé ; il y a production d'énergie et d'hydrogène (H). L'énergie est utilisée par la bactérie ou mise en réserve sous forme d'ATP ; H se lie à un coenzyme tel que le NAD [1] pour se transformer en NADH (réaction n° 2). Le NADH redonnera du NAD (réaction n° 3) en libérant son H, qui sera finalement « capté » par une molécule appelée « accepteur » ; c'est la réaction n° 4, qui aboutit à la formation de l'accepteur réduit.
La réaction n° 1 est une oxydation, la réaction n° 4 est une réduction.
À noter que, à la place de NAD, on peut avoir d'autres substances : les flavoprotéines, les cytochromes, etc.
Quand l'accepteur est :
- l'oxygène de l'air, on a la **respiration aérobie ;**
- un composé oxygéné autre que l'air, on a la **respiration anaérobie ;**
- un composé organique, on a la **fermentation.**

(1) NAD est le nicotinamide-adénine-dinucléotide ; c'est un transporteur d'hydrogène essentiel au métabolisme.

TYPES RESPIRATOIRES

Étudier le type respiratoire d'une bactérie, c'est rechercher la nature de ses rapports avec l'oxygène.
Le comportement des bactéries à l'égard de l'oxygène atmosphérique est mis en évidence par culture en tubes de gélose profonde.

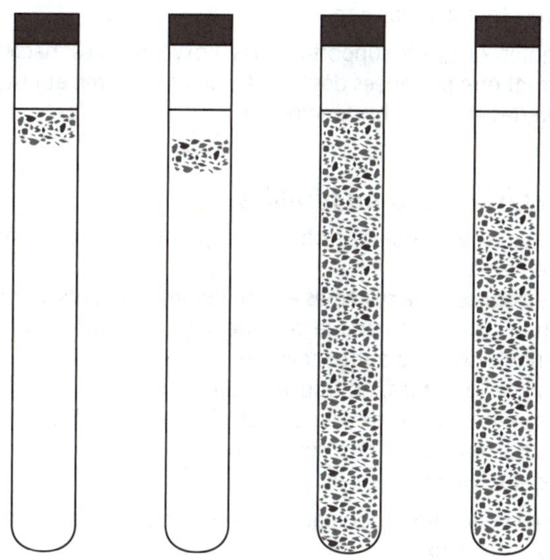

1. Les bactéries **aérobies** strictes ne croissent qu'à la partie supérieure du tube.
2. Les bactéries **micro-aérophiles** se développent près de la surface du tube, mais pas en surface.
3. Les bactéries **aéro-anaérobies** forment une culture homogène sur toute la hauteur du tube.
4. Les bactéries **anaérobies** strictes ne croissent que dans la profondeur du tube.

Bactéries aérobies

Les bactéries aérobies strictes utilisent, pour leur métabolisme énergétique, l'oxygène atmosphérique, qui est indispensable à leur croissance et à leurs activités de synthèse.
Du fait de leur équipement enzymatique, l'accepteur ne peut être que l'oxygène atmosphérique. La réaction n° 4 est catalysée par des enzymes nommées oxydases ; l'accepteur réduit est le plus souvent l'eau, H_2O.
En l'absence d'oxygène, les différentes réactions sont bloquées, la synthèse d'ATP n'a pas lieu et la bactérie meurt faute d'énergie.

Les bactéries aérobies se développent donc dans toute zone en contact avec l'air, comme à la surface des aliments par exemple (bactéries à l'origine de la putréfaction) ; on peut prolonger la conservation des aliments en les conservant sous vide pour empêcher la croissance des bactéries aérobies.
Ce groupe inclut de nombreuses bactéries : *Pseudomonas, Bacillus, Neisseria*, etc.

Bactéries anaérobies

Les bactéries anaérobies sont des bactéries dont le métabolisme énergétique non seulement n'implique pas d'oxygène, mais pour lesquelles au contraire l'oxygène est toxique car elles sont dépourvues d'oxydases.
Elles utilisent comme accepteur une molécule autre que l'oxygène ; l'accepteur est d'origine minérale (nitrates, sulfates). Quand l'accepteur est d'origine organique (acide pyruvique, par exemple) on parle de fermentation.
Les principales bactéries anaérobies sont :
- les *Clostridium*, bacilles sporulés à Gram positif ; étant sporulés, ils peuvent néanmoins résister dans le milieu extérieur ;
- des bacilles à Gram positif non sporulés comme : *Actinomyces*, *Lactobacillus*, etc.

À noter que, ne supportant pas l'oxygène, ces bactéries devront être protégées dès la sortie de l'organisme et jusqu'à la fin des examens bactériologiques.

Bactéries aéro-anaérobies

Les bactéries aéro-anaérobies s'adaptent à la situation du milieu extérieur.
Elles disposent de systèmes enzymatiques différents leur permettant d'utiliser comme accepteur soit l'oxygène atmosphérique, soit une autre molécule.
Parmi ces bactéries, on trouve notamment :
- les entérobactéries : salmonelles, *Escherichia coli*, etc.
- les bactéries des flores commensales.
- les staphylocoques, etc.

On les rencontre donc partout et elles peuvent contaminer tous les milieux.

Bactéries micro-aérophiles

Les bactéries micro-aérophiles ont besoin de l'oxygène pour « respirer », mais elles ne supportent qu'une teneur en oxygène inférieure à celle de l'atmosphère.

FERMENTATIONS

Au cours du temps, le terme « fermentation » a constamment évolué.
Fermentation provient du latin *fermentare,* qui signifie « transformer des aliments grâce à un ferment ».
Par fermentation, on fabrique le pain, certaines boissons. Lors des fermentations, il y a accumulation de produits tels que : éthanol, acide lactique, acide propionique, etc. Ces fermentations se font avec ou sans production de gaz (CO_2).
Pasteur démontra que toutes les fermentations sont dues à des micro-organismes divers (levures, moisissures, bactéries) qui utilisent pour leur développement la matière et l'énergie produite par la dégradation des substances organiques. L'accepteur est donc une molécule organique.
De plus, l'utilisation des micro-organismes comme agents de fabrication industrielle a conduit les techniciens à donner au terme un sens beaucoup plus large ; une fermentation est « tout processus au cours duquel est utilisé un micro-organisme spécifique pour produire en culture, dans des conditions données, à partir de matières premières, une substance chimique définie ; cette substance ne pouvant être synthétisée par voie chimique ou alors à un coût trop élevé ». Ainsi la fabrication de la pénicilline, à partir du *Penicillium notatum* est considérée comme une fermentation, du point de vue technologique.

Fermentation alcoolique

La fermentation alcoolique correspond à la transformation des sucres en éthanol et dioxyde de carbone.
Elle est utilisée pour la fabrication de toutes les boissons alcooliques, en particulier le vin.
Par le dioxyde de carbone qu'elle dégage, elle intervient dans la levée de la pâte en boulangerie.
Les agents de la fermentation alcoolique étant des champignons, elle sera étudiée dans le chapitre consacré aux mycètes (chapitre 3).

Fermentation lactique

La fermentation lactique est la transformation du lactose en acide lactique, selon la réaction :

$$C_6H_{12}O_6 \longrightarrow 2\ CH_3-CHOH-COOH$$

Les bactéries responsables de cette fermentation appartiennent surtout au genre *Streptococcus* et à certaines espèces de *Lactobacillus*.
Elles fermentent en général le glucose, le fructose, le mannose, le galactose, le saccharose et le lactose.
La proportion d'acide lactique formé varie en fonction du pH ; la proportion est plus importante à pH acide.
Lors de cette fermentation, d'autres produits sont formés : l'acide acétique, l'acide formique, l'éthanol.
La fermentation lactique est très utilisée :
- en fromagerie : addition au lait d'une culture microbienne telle que *Lactococcus lactis*, *Penicillium camanberti*, *Penicillium roqueforti*, etc. ; puis on ajoute une présure pour provoquer la coagulation du lait. D'autres micro-organismes, principalement les moisissures (voir « Mycètes », chapitre 3) sont ajoutées pour affiner les fromages ;
- pour la fabrication des yaourts ; les yaourts sont obtenus à partir de lait bouilli, refroidi, ensemencé avec une souche définie de bactérie et incubé de 3 à 4 heures à 40 °C ;
- la fabrication de la choucroute.

La présence de « ferments lactiques » dans la flore intestinale est indispensable au bon fonctionnement de l'intestin.
Lors de la contraction musculaire, le glycogène est transformé, en anaérobie, en acide lactique qui sera ultérieure-

ment oxydé au cours d'un processus aérobie ; à noter que, si ce processus aérobie ne se fait pas, il y a accumulation d'acide lactique dans le muscle et crampes.

Mécanismes biochimiques des fermentations

Ces mécanismes sont nombreux et complexes.
Les points principaux à retenir sont les suivants :
• la fermentation consiste en une oxydoréduction du sucre grâce à la présence d'enzymes. Les produits obtenus ont, la plupart du temps, une chaîne carbonée plus courte que celle du sucre de départ ;
• le pouvoir réducteur est sous la forme de coenzymes réduits (NADH par exemple) ;
• les réactions intervenant en début de processus sont celles des grandes voies du métabolisme ; le point de départ est généralement le glucose-6-phosphate (voir « cours de biochimie ») ;
• le bilan énergétique est positif, c'est-à-dire qu'il y a production d'ATP, même si les quantités sont moins importantes que dans la respiration aérobie.
À noter qu'il existe d'autres fermentations :
• fermentation de l'acide formique, associée aux entérobactéries ;
• fermentation des acides aminés par le *Clostridium*, etc.

5 SUJETS DE REFLEXION

1) Donner un schéma de la bactérie en précisant si les éléments sont constants ou inconstants
2) Citer les fonctions de la membrane plasmique de la bactérie
3) Citer 2 facteurs favorables à la germination des spores bactériennes
4) Schématiser le groupement des streptocoques
5) Madame X est hospitalisée pour une pneumonie à pneumocoque ; le pneumocoque est une cocci, gram +, encapsulée, anaérobie. Expliquer les termes soulignés
6) Citer les différentes étapes de la division d'une bactérie
7) Définir le taux de croissance (croissance en milieu non renouvelé)
8) Vrai, faux
   8.1 Une bactérie autotrophe utilise le dioxyde de carbone pour la synthèse de ses molécules carbonées
   8.2 Une bactérie chimiotrophe transforme l'énergie lumineuse en énergie chimique
   8.3 Une bactérie acidophile se développe à pH 8
   8.4 Une bactérie gram + a une paroi plus épaisse qu'une bactérie gram –
   8.5 La paroi participe au pouvoir pathogène
   8.6 Une bactérie psychrophile se développe à 0 °C
   8.7 Une bactérie thermophile se développe à 20 °C
9) Citer les différents éléments chimiques entrant dans la composition de la bactérie
10) Indiquer, les 4 phases de la courbe de croissance
11) À quelle phase de la courbe correspond le taux de croissance maximal ?
12) *Clostridium tetani* est un micro-organisme qui peut être saprophyte, commensal, pathogène ; définir ces 3 termes
13) Monsieur Perdin présente une infection nosocomiale à staphylocoque doré, bactérie mésophile, cocci gram +, aéro-anaérobie facultative. Expliquer les termes soulignés
14) Citer les 4 types respiratoires
15) En matière de besoin nutritif, les bactéries peuvent être autotrophes ou hétérotrophes ; indiquer pour quel élément chimique cette distinction est faite
16) Les vibrions sont un type de bactéries particulier, donner le principal critère d'identification. Citer une maladie causée par ce type de bactérie
17) Le colibacille est une bactérie gram – ; comparer la composition chimique de sa paroi à celle d'une bactérie gram + en complétant le tableau suivant

	Paroi gram –	Paroi gram +
Peptidoglycane		
Lipopolysaccharides		
Phospholipides		

18) Définir un milieu de culture et citer un exemple

MYCÈTES

Les champignons, qui représentent un ensemble de plusieurs dizaines de milliers d'espèces, constituent un règne à part entière, au même titre que les animaux, les végétaux, les protistes et les monères.

Champignon ou mycète ?

Les termes « champignons » et « mycètes » ne sont pas tout à fait synonymes. Les champignons sont en fait les espèces que nous voyons sortir de la terre ou pousser sur les arbres. Dans les mycètes, on inclut les champignons et tous les organismes semblables qui vivent dans la terre et très souvent invisibles à l'œil nu.
Les champignons sont partout où l'homme vit ; ils peuvent lui être bénéfiques ou néfastes.
Leur **utilité** est incontestable :

- sans eux, pas d'arbres, pas de forêts : ils digèrent les feuilles mortes et le bois ;
- les levures sont largement utilisées dans l'alimentation, l'industrie ;
- ils permettent la fabrication de nombreux antibiotiques : pénicillines, céphalosporines, etc.

À l'inverse, les champignons peuvent s'avérer **dangereux** pour l'homme (ils sont à l'origine des mycoses), les animaux, les plantes (rouilles, oïdium de la vigne, mildiou de la pomme de terre, etc.).
La connaissance des mycètes est importante car la mycologie médicale s'est transformée ces vingt dernières années avec une explosion des infections fongiques [1].

1 MORPHOLOGIE ET STRUCTURE DES CELLULES FONGIQUES

Par leur morphologie, aussi bien que par leur physiologie et leur organisation, le monde des mycètes est infiniment complexe.
Néanmoins on peut définir un mycète comme un **organisme eucaryote uni- ou pluricellulaire dépourvu de chlorophylle**.
Dans ce règne des mycètes, on peut séparer les **champignons microscopiques** ou inférieurs, qui intéressent le microbiologiste, des **champignons supérieurs**, visibles à l'œil nu, qui habitent entre autre les bois et les forêts et qui sont étudiés en botanique.

(1) Fongiques ou fungiques, du latin *fungus*, « champignon ».

L'histoire d'un mycète commence par une **spore**. Une spore est une cellule eucaryote entourée d'une enveloppe protectrice ; elle peut rester en dormance pendant une longue période, jusqu'à ce que les conditions idéales surviennent : température, humidité. À ce moment, la spore germera pour donner naissance généralement à un petit filament blanchâtre, appelé **hyphe**. L'hyphe grandit, se scinde et devient un réseau appelé **mycélium**.
L'élément de base de tous les mycètes est la **cellule fungique**.

ORGANISATION INTERNE D'UNE CELLULE FUNGIQUE

La cellule fungique est une cellule **eucaryote** ; elle en possède donc les principales caractéristiques à savoir :

- un **noyau,** délimité par une membrane nucléaire et contenant des chromosomes (leur nombre varie selon les espèces) et des nucléoles ;
- des **ribosomes,** assurant la synthèse des protéines ;
- des **mitochondries,** qui présentent les mêmes caractéristiques que celles de toute cellule eucaryote ; l'ADN mitochondrial permet la synthèse de certaines enzymes respiratoires.

La cellule fungique possède également :

- une grande **vacuole**, en général sphérique, qui occupe une grande partie du volume cellulaire ; elle se divise en même temps que la cellule ;
- un ADN circulaire cytoplasmique ou **plasmide** souvent associé à la membrane.

CELLULE FUNGIQUE

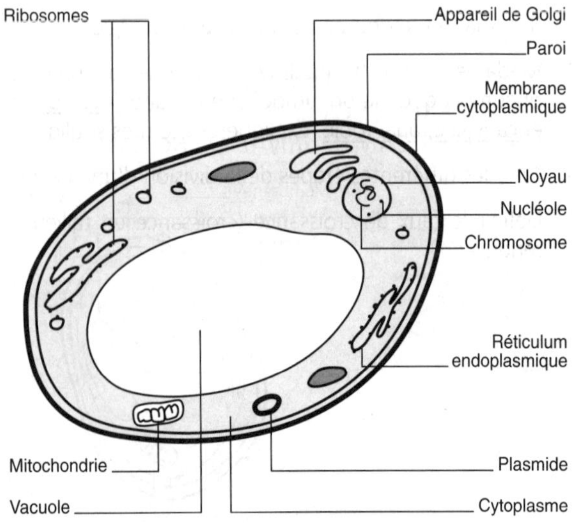

Le cytoplasme est délimité par une **membrane** constituée d'**ergostérols** (lipides) spécifiques des mycètes. La plupart des antifongiques sont dirigés contre la synthèse de ces ergostérols.

La membrane cytoplasmique est entourée d'une **paroi** rigide constituée de plusieurs couches ; cette paroi diffère de celle des cellules végétales et de celle des bactéries. Du point de vue chimique, elle est constituée de polyosides (glucanes, mannane) associés à des peptides et à de la chitine (présente également chez les insectes).

ORGANISATION ET DÉVELOPPEMENT DU THALLE

Les mycètes sont des thallophytes.

Leur appareil végétatif est un thalle qui peut être unicellulaire (levure) ou le plus souvent filamenteux (mycélium).

Le thalle assure plusieurs fonctions :

- développement du mycète ;
- nutrition ;
- fixation ;
- édification du thalle reproducteur qui donne naissance à la formation des organes sporifères.

Levure et pseudomycélium

On rassemble sous le nom de levures les champignons microscopiques unicellulaires ou les champignons qui présentent, au cours de leur développement, une phase unicellulaire.

Morphologie

La levure est une cellule ovoïde de quelques micromètres de diamètre.

La paroi rigide confère à la levure sa forme.

De nombreuses levures présentent une capsule extérieure à la paroi ; elle est constituée de phosphomannanes et de lipides.

LEVURE
(D'APRÈS GROVE, BRAKER ET MORÉ, *AMERICAN JOURNAL OF BOTANY*)

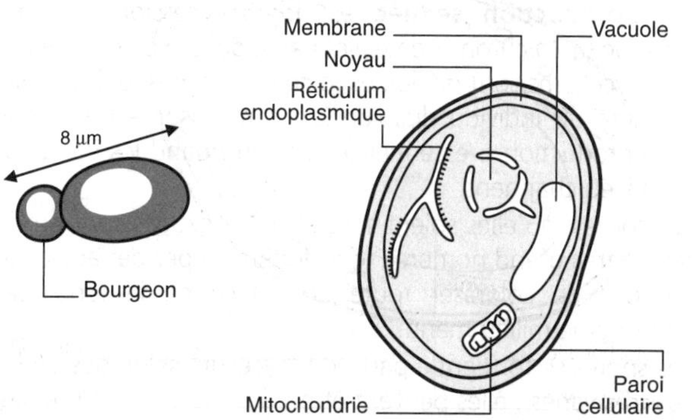

Reproduction

La levure se reproduit par **bourgeonnement**. Une petite hernie apparaît en un point de la surface d'une cellule mère, grossit et s'étrangle ; le bourgeon ou cellule fille peut alors se détacher, grossir encore et bourgeonner à son tour.

BOURGEONNEMENT

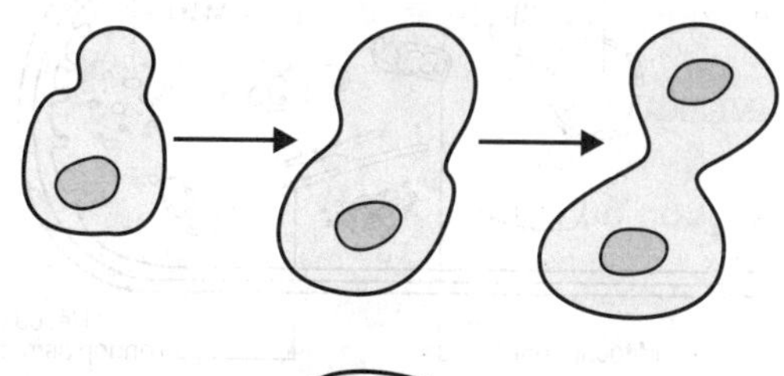

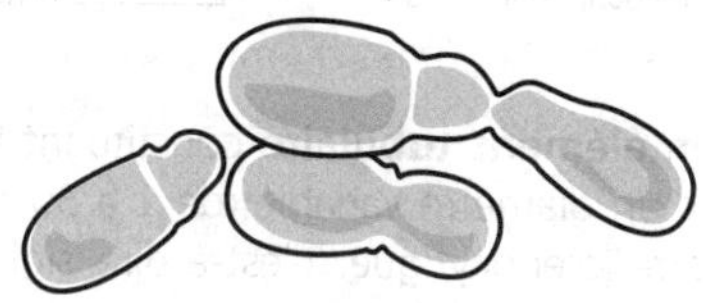

Levure de boulanger 3 µm

Les bourgeons peuvent rester accolés ; on rencontre ainsi :

- des « thalles buissonnants », formés de levures placées bout à bout et qui forment des colonies visibles à l'œil nu ;
- des pseudomycéliums ; le thalle ressemble alors à un vrai mycélium.

Les levures du genre *Candida* présentent un pseudomycélium.

PSEUDOMYCÉLIUM

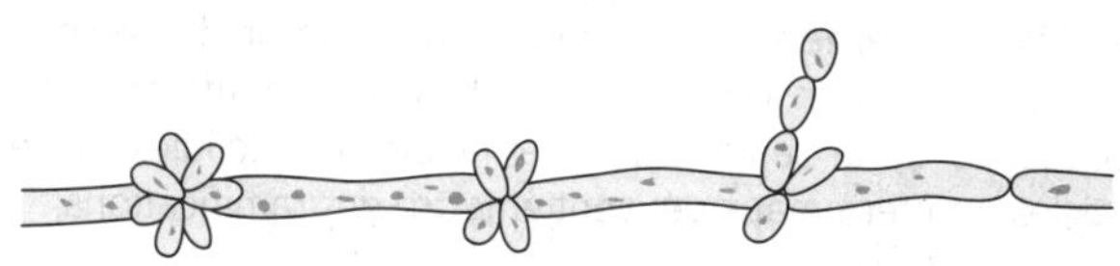

Mycélium

Le mycélium est constitué d'hyphes.

HYPHES

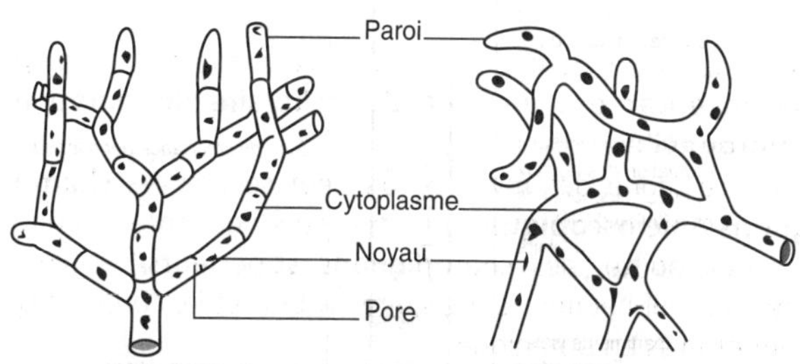

Mycélium cloisonné ou septé

Mycélium non cloisonné ou cœnocytique

STRUCTURE D'UNE HYPHE (D'APRÈS GROVE, BRAKER ET MORÉ, *AMERICAN JOURNAL OF BOTANY*)

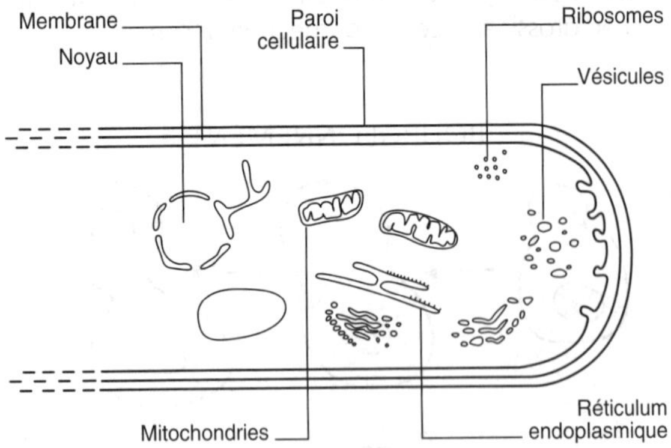

L'hyphe est un **élément tubulaire** constituant le thalle filamenteux avec un diamètre variable (de 1 à 30 micromètres) et pouvant être cœnocytique, c'est-à-dire siphoné et non cloisonné, ou septé, c'est-à-dire interrompu par des cloisons transversales perforées qui limitent des articles pouvant correspondre entre eux. À noter que chez les « champignons inférieurs », le mycélium n'est généralement pas cloisonné ; un nombre plus ou moins grand de noyaux cohabitent alors dans le cytoplasme commun.

La **paroi** de l'hyphe contient des polyosides et d'autres substances comme des protéines, des polypeptides, des lipides, etc.

Le **cytoplasme** circule dans l'hyphe ou les articles par des mouvements complexes.

Les **noyaux** sont très nombreux dans les hyphes cœnocytiques. Dans les hyphes septées, on trouve un, deux ou plusieurs noyaux par article.

Le **développement** de l'hyphe se fait à partir d'une spore par émission d'un ou plusieurs tubes germinatifs et par la croissance de la seule cellule terminale. Les cellules ou les articles non terminaux peuvent émettre des ramifications.

REPRÉSENTATION SCHÉMATIQUE DES DIFFÉRENTS COMPARTIMENTS DE L'HYPHE ET DE LEUR CONTRIBUTION À SON DÉVELOPPEMENT (D'APRÈS COOKE ET WHIPPS, 1993)

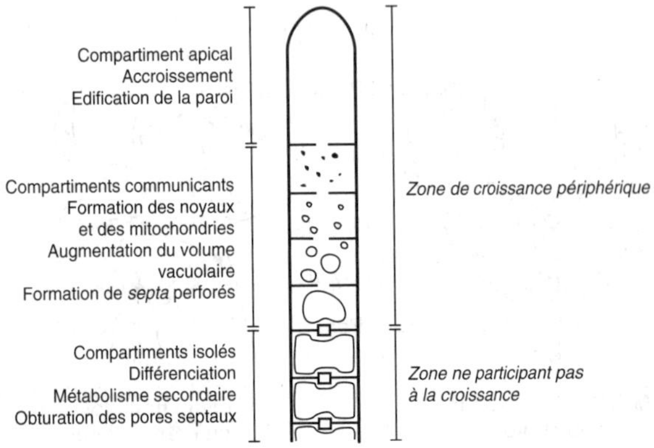

Les colonies de champignons filamenteux ou levures ont, dans des conditions données, une morphologie macroscopique caractéristique : forme, taille, structure, aspect de la surface, couleur, etc.

Comme pour les bactéries, l'allure de la colonie permet d'orienter le diagnostic en cas de mycose.

MOISISSURES

Le terme « moisissure » n'a pas réellement de signification systématique. Il désigne tous les champignons d'aspect filamenteux ou poudreux se développant sur de nombreux substrats organiques, en particulier sur les aliments.

Les moisissures sont constituées de filaments ou hyphes, enchevêtrés pour former un « feutrage ».

Elles dégradent le substrat sur lequel elles se développent en le digérant, grâce à des enzymes.

Lorsque les nutriments se raréfient, les moisissures produisent des spores qui, libérées, se déposeront sur de nouveaux substrats sur lesquels elles germent et forment de nouveaux filaments.

Les moisissures appartenant au genre *Aspergillus* sont les plus fréquentes sur les aliments.

2 ORGANES DE REPRODUCTION ET DE DISSEMINATION

Les champignons doivent se reproduire, puis se propager pour aller coloniser de nouveaux substrats.

Les champignons ont une croissance rapide ; ils se reproduisent en majorité de façon **asexuée**. C'est par bourgeonnement des levures, par fragmentation du mycélium ou production de **spores asexuées** qu'ils se multiplient **végétativement** ; le champignon **se clone**.

La **mitose** des champignons diffère de celle des autres organismes : l'enveloppe nucléaire reste en place jusqu'à la fin de l'anaphase où elle se scinde alors en deux.

Les spores **sexuées** sont formées par conjugaison d'articles spéciaux appelés gamétocystes.

La **reproduction sexuée** est une succession de phase diploïde (à 2*n* chromosomes) et haploïde (à *n* chromosomes). Les mycéliums sont haploïdes (*n* chromosomes) et leur fusion donnera un individu diploïde (2*n* chromosomes). Ce mode de reproduction a essentiellement lieu quand les conditions du milieu changent.

Les spores, qu'elles soient sexuées ou asexuées sont produites en très grand nombre ; leur dispersion permet aux champignons de coloniser toute la surface de la terre, sans épargner le milieu marin.

Les spores se forment à partir du mycélium selon des processus très variés ; elles peuvent être :

• à l'intérieur de sporocystes, ce sont des endospores. Les endospores peuvent être mobiles ou immobiles. Dans ce dernier cas les hyphes fertiles se terminent par une vésicule qui est le sporocyste. La libération des spores se fait par rupture de la vésicule ;
• externes, ce sont des conidies.

SPORES ASEXUÉES INTERNES OU ENDOSPORES

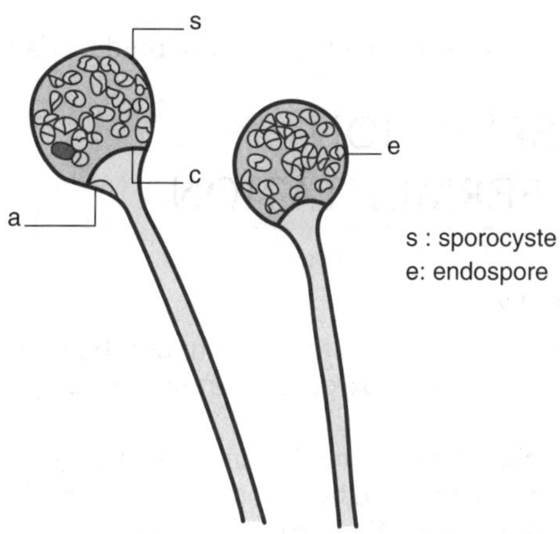

SPORES ASEXUÉES EXTERNES OU CONIDIES

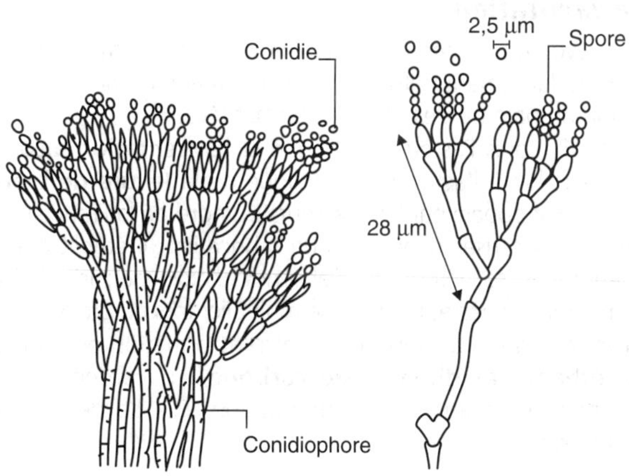

En plus des spores sexuées et asexuées, existent des **spores de résistances**. Ce sont des cellules déshydratées au métabolisme réduit.
Elles sont très résistantes (elles peuvent survivre très longtemps, plusieurs mois, voire plusieurs années). Lorsque les conditions environnementales deviennent favorables (augmentation de l'humidité principalement), elles **germent** comme les graines et redonnent du mycélium qui reformera, à son tour des spores.

SPORES DE RÉSISTANCE

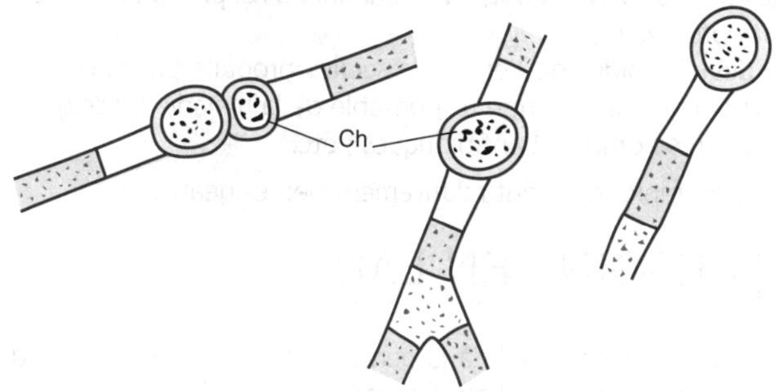

Beaucoup de champignons peuvent former des chamydospores (ch) qui sont intercalaires ou terminales, isolées ou par petits groupes

Reproduction **sexuée et asexuée** peuvent être **schématisées** de la façon suivante :

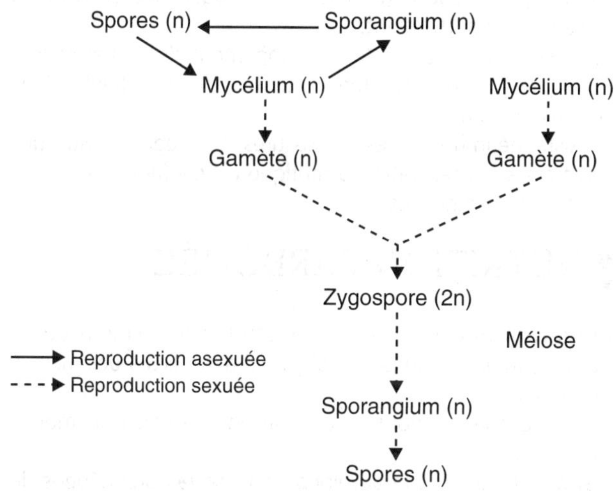

3 MÉTABOLISME FONGIQUE

Les champignons sont **hétérotrophes** et se nourrissent par **absorption** comme les végétaux et non par phagocytose comme les animaux ; les nutriments sont dissous et passent par osmose à travers la paroi de la cellule fungique. C'est pour cette raison, nutrition par absorption, que la croissance des champignons va surtout concerner la longueur de leurs hyphes, et donc l'expansion de leur mycélium (certains peuvent couvrir 15 hectares !).
La richesse de leur équipement enzymatique, leur permet d'utiliser les substrats les plus variés.
Pour la même raison, les produits que les champignons fabriquent sont très diversifiés et les quantités produites sont énormes (voir « Métabolisme bactérien », chapitre 2) :
• des acides organiques : acide citrique et acide gluconique produits par certaines espèces d'*Aspergillus* et de *Penicillium* ;

• des vitamines : vitamine B1 produite notamment par une levure du genre *Candida* ; vitamine B12 produite par un *Streptomyces* ;
• des alcaloïdes de l'ergot de seigles produits par *Claviceps purpurea*, champignon responsable de la maladie du seigle ;
• de très nombreux antibiotiques ; etc.

Les champignons sont relativement peu exigeants.

BESOINS EN EAU

L'eau est indispensable à la germination des spores, puis au développement des champignons.
La plupart des espèces, notamment les moisissures parmi les champignons inférieurs, n'apparaissent que dans des conditions d'humidité ambiante relativement élevée.
Les méfaits du « mildiou de la vigne » sont beaucoup plus redoutables les années pluvieuses car les spores ciliées sont mobiles dans l'eau libre ; elles se propagent beaucoup plus facilement quand il pleut.
La seule façon d'éviter le développement de contaminants fongiques est de maintenir une hygrométrie faible dans l'environnement.
Il existe néanmoins des moisissures qui végètent sur des substrats à concentration osmotique élevée (flore des confitures ou des semences).

NUTRITION CARBONÉE

L'**hétérotrophie** pour le carbone conditionne le mode de vie des champignons qui sont obligatoirement liés à des milieux organiques.
Ils trouvent leur « nourriture » carbonée, selon trois modes principaux :

• **saprophytisme** : le développement se fait aux dépens de la matière organique en décomposition (litières, bois mort, excréments, etc.). Les champignons saprophytes participent ainsi activement au recyclage de la matière organique en matière minérale ;
• **symbiotisme** : le champignon s'associe avec un autre organisme ; deux formes symbiotiques sont particulièrement importantes : les lichens et les mycorhizes :
  – les lichens sont des organes mixtes, associant une algue et un champignon,
  – les mycorhizes sont des associations de racines de plantes et de mycélium ;
• **parasitisme** : les champignons parasites puisent leur matière organique dans un être vivant (animal, champignon ou végétal) et provoquent diverses maladies dont les mycoses humaines. De nombreuses plantes cultivées sont la proie de champignons microscopiques : oïdium, rouilles, mildiou, etc.

FACTEURS DE CROISSANCE ET VITAMINES

Les facteurs de croissance et les vitamines sont indispensables à la vie et au développement de nombreux champignons. Les quantités nécessaires sont infimes.
Ainsi la levure de bière a besoin de vitamine B1, de biotine, d'inositol, etc.

TEMPÉRATURE ET PH

Température

La plupart des champignons sont mésophiles ; ils se développent entre 15 et 30 °C.

pH

Les champignons sont peu sensibles au pH du milieu.

RESPIRATION ET FERMENTATION

Respiration

Les champignons sont essentiellement **aérobies** ; ils « respirent » en absorbant l'oxygène et en rejetant du gaz carbonique.
Les mécanismes de leur respiration mettent en jeu des cytochromes, transporteurs d'hydrogène et d'électrons du substrat à l'accepteur (voir « Métabolisme bactérien », chapitre 2) ; ce phénomène est comparable à celui des animaux.
À noter que certaines espèces s'accommodent d'une atmosphère pauvre en oxygène : la moisissure du roquefort.

Fermentation

Le pouvoir de fermentation des levures ou de certaines mucorales est largement utilisé dans l'alimentation humaine : fabrication du pain ou des boissons fermentées.
En 1857, Louis Pasteur établit que la **fermentation alcoolique** est due à l'activité métabolique de la **levure de bière**. Pasteur est appelé par les brasseurs du nord de la France pour trouver les causes d'incidents de fabrication. Il établit que le phénomène se déroule en l'absence d'oxygène ; les levures demeurent saines et peuvent se multiplier lors du processus.
La fermentation alcoolique est la transformation des **sucres en éthanol et dioxyde de carbone**, en l'absence d'O_2 et grâce à un agent de fermentation. Elle se déroule en 2 étapes :

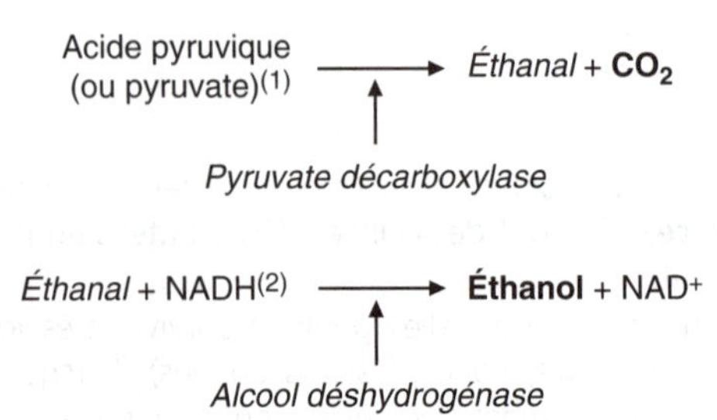

(1) L'adide piruvique provient du glucose (cf. biochimie)
(2) NADH et NAD^+ sont des coenzymes intervenant dans le transport de l'hydrogène

Les agents de la fermentation alcoolique sont :

• principalement les **levures** dont il existe un très grand nombre d'espèces :

– *Saccharomyces cerevisiae* (levure de bière) utilisée en brasserie et en boulangerie ;
– *Saccharomyces ellipsoideus*, agent de la vinification ;
– *Saccharomyces fragilis*, utilisé pour la champagnisation, etc. ;

• des **moisissures** comme *Aspergillus*, *Penicillium*, *Mucor*.

Les substrats de la fermentation sont : **le saccharose, le fructose, le glucose, le mannose.**
La fermentation est accélérée par addition d'ions **phosphate** et d'ions **magnésium**.
Pasteur a précisé que, dans les conditions normales, 95 % des sucres sont convertis en alcool et gaz carbonique, 5 % donnent des produits divers (glycérol, acide succinique, etc.).

4 SUJETS DE REFLEXION

1) Vrai, faux
   1.1 La fermentation se fait en l'absence d'oxygène
   1.2 Levure et moisissure sont constituées de cellule procaryote
   1.3 Le thalle d'une levure est filamenteux
   1.4 La cellule fongique est l'élément de base des mycètes
   1.5 Les levures et moisissures se développent à 4 °C
   1.6 Les mycètes présentent une reproduction asexuée et une reproduction sexuée
2) Citer 3 fonctions du thalle
3) Le *Candida albicans* est une levure ovale bourgeonnante ; définir les termes soulignés
4) L'*Aspergillus* est une moisissure, saprophyte du sol et des végétaux, pouvant être responsable d'une maladie nosocomiale préoccupante : l'aspergillose.
   Définir le terme souligné
5) Donner un schéma annoté d'une cellule fongique
6) Comparer hyphe et mycélium
7) Citer et décrire les 2 types de mycélium
8) Nommer un mycète capable de réaliser la fermentation alcoolique ; compléter la réaction suivante (extrait annale)

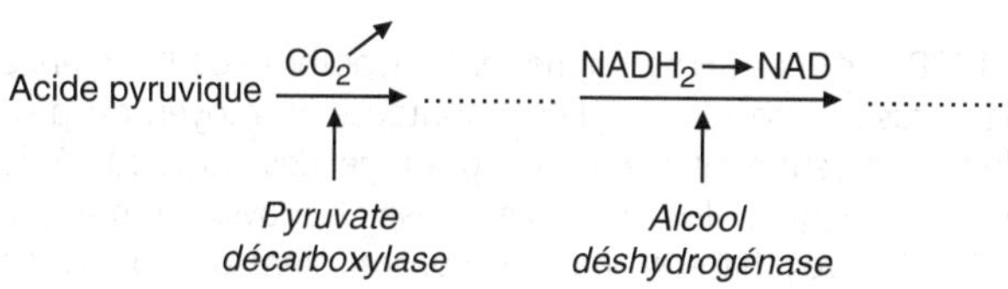

VIRUS

Le virus, mille fois plus petit qu'une bactérie, dont la taille varie entre 20 et 300 nanomètres [1], n'est visible qu'au microscope électronique.
Le virus ; dépourvu de structure de type cellulaire (il n'a ni noyau, ni cytoplasme, ni organites cellulaires) ; doit pénétrer dans une cellule hôte pour vivre et se multiplier. C'est un parasite intracellulaire obligatoire. De ce fait, les virus sont la cause de nombreuses maladies dans le règne végétal, animal, dans le monde bactérien.
Chez l'homme, ils sont responsables de la grippe, de l'herpès, de la varicelle, du zona, des hépatites, du sida...
Les virus portent donc bien leur nom puisqu'en latin *virus* signifie « poison ».
Du point de vue historique les principales dates à retenir sont :

- 1898 : Löffer et Frosch émettent l'hypothèse de l'existence des virus en inoculant la fièvre aphteuse au moyen du produit, apparemment stérile, du grattage des pustules. À la même époque, le botaniste russe Ivanovski remarque qu'après avoir filtré au moyen d'un récipient de porcelaine poreuse (qui ne laisse pas passer les bactéries) le jus d'une feuille atteinte de la « mosaïque du tabac », ce jus a conservé son pouvoir infectieux.
- 1935 : Stanley isole le virus de la mosaïque du tabac.
- 1941 : On s'aperçoit que les virus sont constitués par l'assemblage régulier de sous-unités identiques.
- 1945 : E. Ruska, inventeur du microscope électronique, observe pour la première fois un virus : le bactériophage ou « virus dévoreur de bactéries ».
- 1947 : Dissociation du virus de la mosaïque du tabac en une protéine et un ARN.
- 1954 : Démonstration de la symétrie hélicoïdale.
- 1955 : Reconstitution d'un virus infectieux en mélangeant protéines et ARN purifié.
- 1977 : Éradication officielle de la variole selon l'OMS [2].
- 1983-1984 : Découverte du VIH par Max Gallo et Luc Montagnier.

(1) Le nanomètre est la millième partie du micron, qui est à son tour la millième partie du millimètre ; autrement dit, le nanomètre est la millionième partie du millimètre.
(2) Organisation mondiale de la santé.

1 STRUCTURE DES VIRUS

L'invention du microscope électronique a permis de les observer directement.
Tous les virus possèdent :

- une **information génétique**, sous forme d'ADN ou d'ARN ;
- une structure pour protéger l'acide nucléique : la **capside** ;
- une **enveloppe** entourant la capside pour certains d'entre eux ;
- des **enzymes** présents chez certaines familles, comme par exemple la transcriptase inverse, l'intégrase, la protéase chez les Rétrovirus.

LE GÉNOME VIRAL

Le patrimoine génétique d'un virus est constitué d'un simple filament d'acide nucléique : ADN ou ARN, entouré d'une ou deux enveloppes protectrices.
Cet acide nucléique unique le différencie de tous les autres êtres vivants qui possèdent les deux types d'acide nucléique. C'est pour cette raison que l'on place le virus à la limite du monde vivant, puisque, avec un seul acide nucléique, le virus est incapable de synthétiser ses protéines ; **il ne peut pas se reproduire tout seul.**
Si le génome d'un virus était mis sous forme d'une série linéaire de lettres de l'alphabet, il occuperait une page entière de livre. À titre de comparaison, le génome humain occuperait au moins cinq cent mille pages !

LA CAPSIDE

La capside est formée de « briques » identiques, les capsomères, de nature **protéique**.
Selon l'assemblage des capsomères, on distingue essentiellement :

- la capside à **symétrie icosaédrique** ou cubique ;
- la capside à **symétrie hélicoïdale.**

La capside protège le virus lorsqu'il est à l'extérieur de la cellule hôte.
Dans le cas des virus nus (sans enveloppe) la capside porte des protéines qui ont pour but de fixer le virus à la cellule réceptrice.
L'ensemble acide nucléique-capside constitue la **nucléocapside**.

Virus à symétrie icosaédrique

Les capsomères composant la capside sont assemblés selon un icosaèdre ; l'icosaèdre est un réseau hexagonal composé de vingt faces et douze sommets.
L'acide nucléique est englobé par la capside.

VIRUS À SYMÉTRIE ISOCAEDRIQUE

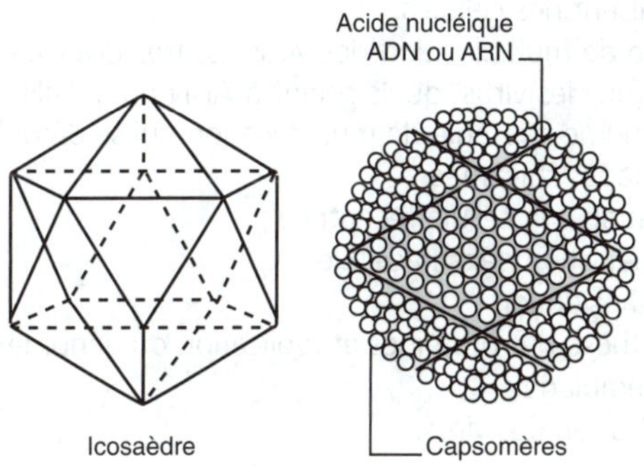

Virus à symétrie hélicoïdale

Les capsomères sont fixés sur l'acide nucléique de forme hélicoïdale.
Un virus à symétrie hélicoïdale est défini par un certain nombre de paramètres dont :

- le nombre de capsomères par tour ; le virus de la mosaïque du tabac présente 49 capsomères (ou sous-unités) pour 3 tours de spires ;
- la distance entre eux capsomères ;
- la longueur de l'hélice.

VIRUS À SYMÉTRIE HÉLICOIDALE

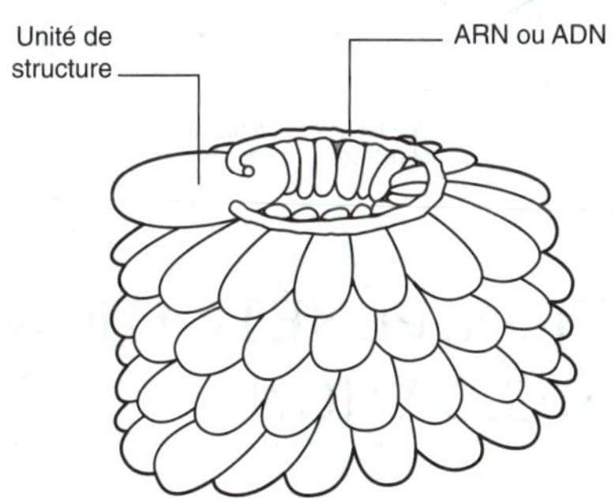

Les virus hélicoïdaux se présentent comme un cylindre creux et spiralé formant une gaine protectrice tout le long de la molécule d'acide nucléique.

L'ENVELOPPE

L'enveloppe est de même nature que la membrane des cellules infectées, c'est-à-dire **lipidique**.

L'enveloppe porte les glycoprotéines qui se lient aux récepteurs cellulaires de manière spécifique. Après fixation aux récepteurs de la membrane cellulaire, l'enveloppe peut fusionner avec la membrane, ce qui permet l'introduction dans la cellule du nucléocapside.
L'enveloppe est constituée de substances provenant de la membrane (ou paroi) ou du cytoplasme de la cellule hôte.

VIRUS DE LA GRIPPE, ENVELOPPÉ

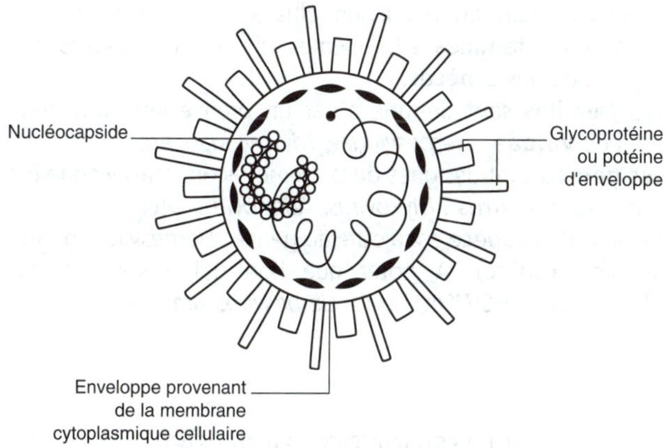

L'enveloppe rend le virus plus sensible aux désinfectants, à l'acidité, à la chaleur. Les virus enveloppés sont donc plus fragiles que les virus nus sauf le virus de l'hépatite B (VHB) et celui de la variole.
Les glycoprotéines sont des structures antigéniques responsables de la synthèse des anticorps par les organismes infectés par le virus.

2 CLASSIFICATION ET NOMENCLATURE DES VIRUS

CLASSIFICATION

Il existe des milliers de virus différents par la taille, la structure, la forme, les mécanismes de réplication, le type d'hôte (bactéries, plantes, animaux, homme).
Il existe de nombreuses classifications mais, à l'heure actuelle, la plus utilisée est celle basée sur les caractéristiques structurales des virus (classification de Lwoff Horne Tournier) ; cette classification présente trois critères principaux :

- nature du **matériel génétique** : ADN ou ARN, puis structure de l'acide nucléique (monocaténaire ou bicaténaire [1]), et enfin forme de l'acide nucléique (linéaire, circulaire, etc.) ;

(1) Monocaténaire : un seul brin, bicaténaire : 2 brins.

- présence ou absence de l'**enveloppe** ;
- symétrie de la **capside** (hélicoïdale, cubique ou isocaédrique, inconnue).

NOMENCLATURE

La **nomenclature** des virus se réfère à la classification de Linné (*voir* « Principaux niveaux de classification des êtres vivants ») mais en beaucoup plus simple. Les virus sont répartis en **familles** elles-mêmes divisées en **genres** qui regroupent les **espèces**.
Les **familles** sont désignées par un préfixe latin (ou grec) suivi de ***viridae*** : *Herpesviridae, Myxoviridae*, etc.
Les **genres** sont désignés de la même façon, mais *viridae* est remplacé par ***virus*** : *Myxovirus, Adenovirus*, etc.
Le nom de l'**espèce** est ajouté au genre : *Herpesvirus* (genre) *simplex* (espèce). À noter que l'on utilise souvent des abréviations : HSV1 et 2 pour *Herpesvirus simplex.*

CLASSIFICATION SIMPLIFIÉE DE QUELQUES VIRUS PATHOGÈNES POUR L'HOMME

Génome	Enveloppe	Symétrie	Famille, genre, espèce
ADN	Oui	Icosaédrique	*Herpesviridae* : herpesvirus *Hepadnaviridae* : virus de l'hépatite B (HBV)
	Non	Icosaédrique	*Adenoviridae* : adénovirus
ARN	Oui	Hélicoïdale	*Orthomyxoviridae* : virus influenza A, B, C *Paramyxoviridae* : – paramyxovirus : virus des oreillons – morbillivirus : virus de la rougeole – pneumovirus : virus respiratoire syncytial *Filoviridae* : virus Ebola
		Icosaédrique	*Togaviridae* : – flavivirus : virus de l'hépatite C, de la fièvre jaune – rubivirus : virus de la rubéole,
		Inconnu	*Retroviridae* : – lentivirus : VIH (sida) – oncornavirus : HTLV (lymphome)
	Non	Icosaédrique	*Picornaviridae* : – enterovirus : poliovirus, virus de l'hépatite A, – rhinovirus *Reoviridae* : rotavirus (gastro-entérites infantiles)

3 MULTIPLICATION DES VIRUS

De nombreux virus sont dangereux car, en se reproduisant, ils détruisent nos cellules.
Le mode de multiplication des virus est très diversifié. Néanmoins, tous les virus, qu'ils soient à ADN ou à ARN, présentent la même stratégie de multiplication qui se déroule selon les six étapes suivantes :
- 1. fixation à la cellule réceptrice ;
- 2. pénétration dans la cellule ;
- 3. décapsidation ;
- 4. synthèse des protéines et réplication du génome ;
- 5. assemblage ;
- 6. libération des virus.

CYCLE DU VIRUS DE LA GRIPPE (INFLUENZA)

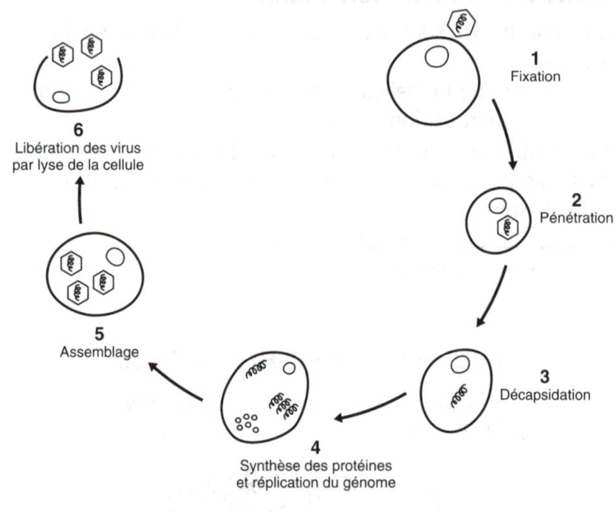

FIXATION, PÉNÉTRATION, DÉCAPSIDATION

La capside ou l'enveloppe du virus porte des protéines (les glycoprotéines) qui ont pour but de **fixer** le virus à des récepteurs présents sur la membrane cellulaire, selon le modèle « serrure-clé ».
Après cette fixation l'acide nucléique viral et les enzymes viraux, quand ils existent, pénètrent dans la cellule hôte. Cette **pénétration** se fait, pour les virus nus, par phagocytose et, pour les virus enveloppés, soit par phagocytose soit par fusion des membranes.
La **décapsidation** se fait grâce à des protéases cellulaires qui dégradent la capside, ce qui permet la libération de l'acide nucléique virale dans la cellule hôte.

SYNTHÈSE DES PROTÉINES VIRALES ET RÉPLICATION DU GÉNOME

Le but de la pénétration du virus dans une cellule est sa **reproduction**, c'est-à-dire sa **multiplication**. Pour cela, il a deux objectifs :
- **synthétiser ses protéines virales** ;
- **répliquer son génome**.

Les protéines virales synthétisées s'associent à l'acide nucléique (ou génome) répliqué pour donner de nouveaux virus. Les différentes étapes de cette synthèse et de cette réplication varient selon le génome viral.

Virus à ADN

Exemple : Adenovirus, Herpesvirus (virus à ADN « classique »).

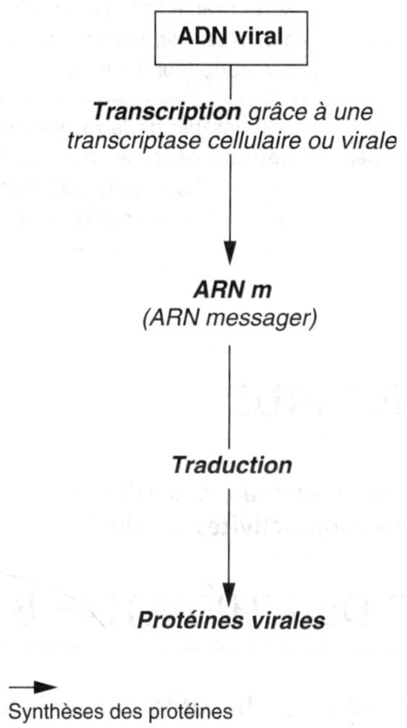

Virus à ARN

Pour les virus à ARN, on distingue les **virus à ARN (+)** (dit de polarité positive) des **virus à ARN (–)** (dit de polarité négative).
Chez les virus à ARN (+), l'ARN viral est directement messager et peut être « lu » par les ribosomes de la cellule parasitée.
Chez les virus à ARN (–), une transcription de cet ARN viral en ARN m est nécessaire pour la synthèse des protéines virales ; cet ARN viral à polarité négative n'est donc pas directement infectieux.

VIH

Le VIH est un rétrovirus qui possède un génome à ARN ; il est enveloppé.
Après son entrée dans une cellule hôte, il doit transcrire son ARN en ADN, grâce à la transcriptase inverse (enzyme qu'il porte avec lui). Ceci lui permettra de pouvoir répliquer son génome et donc de se multiplier.
Le VIH doit aussi intégrer l'ADN qu'il vient de produire dans l'ADN de la cellule infectée, grâce à l'intégrase (enzyme qui lui appartient).
La cellule hôte fabrique alors des polyprotéines inactives qui grâce à une protéase virale seront transformées en protéines actives.

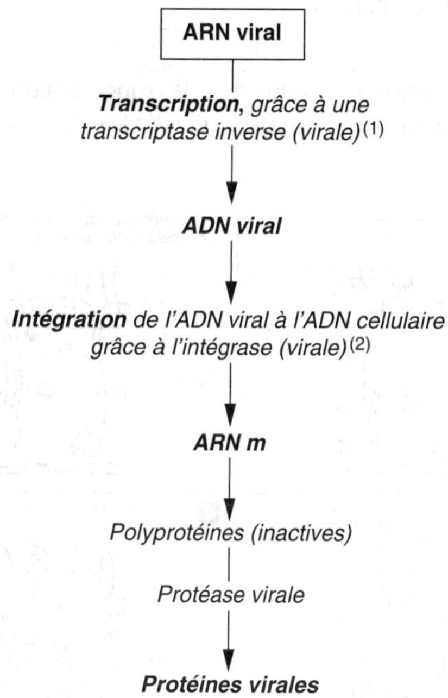

(1) La transaction a lieu dans le cytoplasme
(2) L'intégration se déroule dans le noyau

ASSEMBLAGE

La plupart des virus à ADN sont assemblés dans le noyau ; la plupart des virus à ARN sont assemblés dans le cytoplasme sauf le virus de la grippe (virus Influenza du genre Orthomyxovirus).
Les étapes de l'assemblage varient en fonction de la capside.
Quand elle est présente, l'enveloppe est issue de la membrane plasmique ou nucléaire de la cellule parasitée.

LIBÉRATION DES VIRIONS

Les virus nus sont libérés par lyse de la cellule infectée.

Les virus enveloppés sont libérés soit par bourgeonnement de la membrane cytoplasmique, soit par exocytose mais il n'y a pas de lyse de la cellule infectée.

4 PRINCIPAUX VIRUS HUMAINS PATHOGÈNES

POUVOIR PATHOGÈNE DES VIRUS

L'infection virale se traduit par la superposition du programme de synthèse du virus à celui de la cellule infectée.

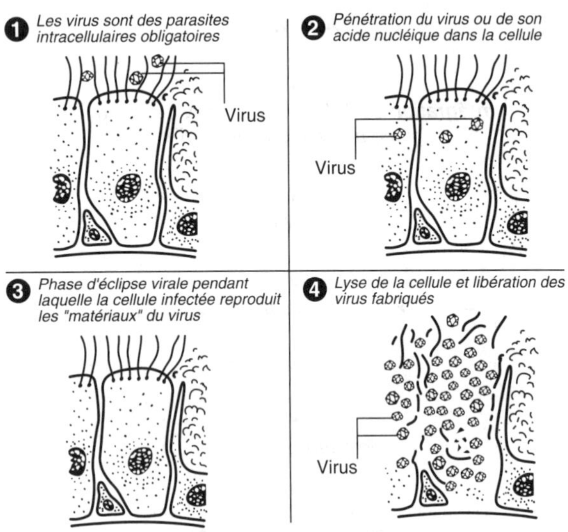

HERPESVIRUS

Six d'entre eux présentent un pouvoir pathogène pour l'homme :

- HSV 1 et HSV 2 : virus herpes simplex de type 1 et 2 ;
- VZV : virus varicelle zona ;
- CMV : cytomégalovirus ;
- EBV : virus d'Epstein-Barr ;
- HSV 6 : 6e herpes virus humain.

Les Herpesvirus sont responsables d'infections virales latentes et de réactivations ou récurrences

La primo-infection est souvent inapparente et bénigne ; elle est suivie d'une phase de latence qui peut durer plusieurs années (le virus se masque dans un ganglion nerveux sensitif) ; la réactivation du virus, due à des causes multiples et variées (soleil, stress, fatigue, diminution des défenses immunitaires, etc.) est responsable des résurgences.

ESPÈCES ET POUVOIR PATHOGÈNE

Espèce	Pouvoir pathogène
HSV (Herpesvirus simplex)	Responsable de l'**herpès** : dermatose vésiculeuse. Il existe des formes graves chez le nourrisson et les sujets immunodéprimés. On distingue HSV1 responsable des herpès non génitaux de HSV2 responsable des herpès génitaux.
VZV (Virus zona-varicelle)	La primo-infection est la **varicelle**, maladie infectieuse éruptive de l'enfance habituellement bénigne ; la résurgence est le **zona**, éruption unilatérale de vésicules, adénopathies et troubles sensitifs névralgiques laissant fréquemment des séquelles douloureuses.
CMV (cytomégalovirus)	Responsable notamment d'infections congénitales, néonatales, de pathologie chez l'immunodéprimé et le transplanté rénal.
EBV (virus d'Epstein-Barr)	Responsable de la **mononucléose infectieuse** caractérisée par l'association d'une angine, d'une poly adénopathie et d'un syndrome mononucléosique

ADÉNOVIRUS

Ils peuvent être responsables **d'infections respiratoires, digestives, de conjonctivites, d'adénites.**

VIRUS DE L'HÉPATITE B (VHB)

Il pourra déclencher une **hépatite** évoluant souvent vers la chronicité. Une forme gravissime est l'hépatite fulminante (1 cas sur 1 000). Cirrhose et/ou cancer du foie apparaissent dans 1 cas sur 20, plusieurs années après une hépatite B. la contamination se fait par voie sanguine, sexuelle ou transplacentaire.

ORTHOMYXOVIRUS

La famille des orthomyxoviridae ne comprend qu'un seul genre : **Influenzavirus**, responsable des grippes. Il existe trois espèces d'influenzae : A, B et C qui n'ont aucun caractère antigénique commun.

Le virus se multiplie dans l'épithélium cilié des muqueuses respiratoires, des fosses nasales aux bronchioles ; il altère l'épithélium cilié et déprime l'immunité.

Toutes ces actions liées à la présence du virus grippal favorisent la colonisation des voies respiratoires par les bactéries commensales qui sont à l'origine des complications pulmonaires (*Streptococcus pneumoniae, Staphylococcus, Haemophilus influenzae).*

PARAMYXOVIRUS

ESPÈCES ET POUVOIR PATHOGÈNE

Parainfluenzae 1,2,3,4	La majorité des infections sont inapparentes. Les manifestations cliniques se limitent à des atteintes bénignes des voies respiratoires supérieures (rhinites, pharyngites, laryngites ou trachéites).
Virus ourlien (des oreillons)	Dans un tiers des cas, l'infection est inapparente. Les oreillons se manifestent par une atteinte des parotides [1]. Deux autres organes cibles peuvent être infectés : les méninges et les gonades.
Virus de la rougeole (Morbillivirus)	Il est responsable d'une maladie très contagieuse qui survient par petites épidémies hivernales. La rougeole est le plus souvent bénigne sous nos climats (fièvre éruptive avec catarrhe oculo-nasal et signe de Koplick).
VRS ou virus respiratoire syncitial (Pneumovirus)	Chez l'adulte et le grand enfant, il est à l'origine de banales inflammations des voies aériennes supérieures. Chez le nourrisson on peut observer des bronchites et bronchiolites pouvant être graves. Les sujets immunodéprimés font souvent des formes sévères.

(1) Les parotides sont des glandes salivaires qui sont gonflées et douloureuses.

LES TOGAVIRIDAE

Deux genres sont particulièrement importants en pathologie humaine :

- le genre **Flavivirus** avec le virus de **l'Hépatite C ;**
- le genre **Rubivirus** avec le virus de la **rubéole.**

On distingue la rubéole acquise de la rubéole congénitale.

Rubéole acquise

Elle est contractée après la naissance. Les principales caractéristiques cliniques sont : éruption, fièvre, adénopathies.
L'évolution se fait en général vers une guérison sans séquelles ; les complications sont rares.

Rubéole congénitale

Jusqu'à la 20e semaine de grossesse les risques de malformations et d'avortement spontané sont très importants.
Les principales malformations sont des lésions : oculaires, auditives, cardiaques, nerveuses, dentaires, génito-urinaires, etc.

FAMILLE DES RETROVIRIDAE

Les rétrovirus sont des virus à ARN qui possèdent plusieurs enzymes dont la transcriptase inverse ou rétrotranscriptase qui est à l'origine du nom donné aux virus à ARN la possédant : les **Rétrovirus**.
Sur la base des critères de pathogénicité, on distingue deux sous-familles : Lentivirus et Oncornavirus.

Lentivirus

Les Lentivirus sont des virus cytopathogènes responsables de maladies à évolution (lentus = lent) toujours mortelle. **Le VIH** (virus de l'immunodéficience humaine) est un lentivirus à l'origine du **sida** [1]**,** infection caractérisée par une phase de latence clinique très longue (parfois 10 ans).
L'apparition du sida « maladie » est la conséquence de la destruction du système immunitaire par le VIH ; le nombre de lymphocytes T4 devient inférieur à 200/mm^3. Les manifestations cliniques les plus fréquentes sont les infections opportunistes : tuberculose, lymphomes, sarcome de Kaposi, candidoses viscérales, etc.

Oncornavirus

Les Oncornavirus sont les virus oncogènes à ARN : onco-RNA-virus responsables de tumeurs ou de leucémie.

ROTAVIRUS

Les rotavirus sont à l'origine de gastro-entérites aiguës avec vomissements, diarrhées aqueuses et fièvre plus ou moins importante.
Ces gastro-entérites se produisent essentiellement en hiver dans les pays tempérés.
Presque tous les enfants ont eu une infection due à un rotavirus avant l'âge de 5 ans.

ENTEROVIRUS

Ce genre regroupe les espèces suivantes :

- virus polyomyélitiques ;
- virus coxsackie ;
- virus ECHO ;
- entérovirus non classés.

Tous les enterovirus peuvent provoquer les infections suivantes :

- méningites lymphocytaires ;
- infections respiratoires ;
- gastro-entérites ;
- éruptions cutanées maculopapuleuses.

De plus les poliovirus sont à l'origine de la poliomyélite aiguë quasiment éradiquée grâce au vaccin ; les virus coxsackies peuvent provoquer des infections cardiaques et musculaires.

(1) Sida : syndrome d'immunodéficience acquise.

VIRUS ONCOGÈNES

Les virus oncogènes entraînent une modification génétique définitive de la cellule qui devient une **cellule cancéreuse** : elle prolifère de façon incontrôlée ; le génome viral s'est intégré à celui de la cellule hôte et il modifie définitivement l'information génétique de cette cellule.
Dans toutes les familles de **virus à ADN** on rencontre des virus oncogènes, mais parmi les virus à ARN le seul genre présentant des virus oncogènes est le genre **Oncornavirus**.

EXEMPLES DE VIRUS ONCOGÈNES

Virus oncogène	Tumeurs associés
Papillomavirus (à ADN)	Verrues, carcinome du col de l'utérus
Virus de l'hépatite B (à ADN)	Hépatocarcinome
Virus d'Epstein-Barr (à ADN)	Lymphome de Burkitt, carcinomes nasopharyngiens
KSHV, coinfection par le VIH (virus du SIDA)	Sarcome de Kaposi
HLTV 1 et 2 (à ARN)	Leucémies T de l'adulte, lymphomes

RÉSUMÉ DES PRINCIPAUX VIRUS ET PATHOLOGIES

Infections	Pathologie	Virus
Du SNC	Méningite	Virus coxsackie A et B Virus ECHO (rare)
	Polyomyélite paralysante	Poliovirus
	Encéphalite	Virus des oreillons, virus herpès simplex,
De l'appareil génito-urinaire	Herpès génital	Herpès simplex de type II
	Cystite hémorragique	Adénovirus
De l'appareil hépato-digestif	Diarrhées	Rotavirus
	Hépatite	Virus de l'hépatite A, B, C, D, E
De l'appareil respiratoire	Pathologie des voies respiratoires hautes, pharyngites	Rhinovirus, Adenovirus, Coronavirus, Influenza A et B, Parainfluenzae, VRS
	Mononucléose	Virus Epstein-Barr, Cytomégalovirus
	Laryngo-trachéo-bronchite	Parainfluenzae
	Bronchiolite	VRS (1)
	Pneumonie	Influenzae A
Du système immunitaire	Sida	HIV ou VIH (virus de l'immunodéficience humaine)

(1) Virus respiratoire syncitial.

5 SUJETS DE REFLEXION

1) Définir un virus
2) Citer les éléments toujours présents chez les virus
3) Les Herpes virus peuvent rester « à l'état latent » dans une cellule hôte ; expliquer l'expression « à l'état latent »
4) Citer les critères de classification des virus
5) Citer, dans l'ordre chronologique, les grandes étapes de la multiplication de l'*Influenzavirus*, responsable de la grippe
6) Le VIH, responsable du SIDA, est un rétrovirus ; définir le terme souligné et indiquer le rôle de la transcriptase inverse
7) Les papillomavirus sont des virus oncogènes ; définir un virus oncogène
8) Compléter le tableau suivant

Virus	Pathologie
	Varicelle
Adénovirus	
	Mononucléose infectieuse
Influenzavirus (myxovirus)	
	Rougeole
Flavivirus	
Rotavirus	
Entérovirus	
	Poliomyélite
HSV 1 (herpes simplex virus)	

AGENTS ANTIMICROBIENS

« Mieux vaut prévenir que guérir. »

Cette sentence s'applique très bien aux maladies infectieuses, contre lesquelles il existe des armes préventives nombreuses et efficaces. Les mesures d'hygiène sont importantes : lavage, désinfection, antisepsie, asepsie, stérilisation, etc., à l'aide d'agents physiques ou chimiques ; mais aussi utilisation de matériel à usage unique, précautions au moment des soins, hygiène de l'eau et de l'alimentation, hygiène de l'habitat et du travail.

Les agents physiques (chaleur, radiation, filtration) sont utilisés pour la destruction des micro-organismes sur des milieux inertes, tandis que les agents chimiques (désinfectants, antiseptiques, antibiotiques, antiviraux), à l'exception des désinfectants, sont utilisés pour détruire les micro-organismes sur les milieux vivants.

1 DÉFINITIONS

Avant de passer à l'étude des différents agents physiques et chimiques, nous allons définir, selon la norme AFNOR NF T72-101 :

- l'antisepsie et les antiseptiques ;
- la désinfection et les désinfectants ;
- l'asepsie.

ANTISEPSIE ET ANTISEPTIQUES

L'**antisepsie** est définie comme « une opération au **résultat momentané** permettant **au niveau des tissus vivants**, dans la limite de leur tolérance, **d'éliminer ou de tuer les micro-organismes et/ou d'inactiver les virus** en fonction des objectifs fixés. Le résultat de cette opération est limité aux micro-organismes et/ou virus **présents au moment de l'opération**. »

L'antisepsie est une méthode curative.

Pour réaliser l'antisepsie, on utilise des **antiseptiques** ; l'antiseptique idéal devrait répondre aux qualités suivantes :

- effet bactéricide ;
- large spectre ;
- faible toxicité et bonne tolérance.

Les antiseptiques sont utilisés à titre préventif et curatif pour détruire les micro-organismes présents sur les tissus vivants. Ils relèvent de la Pharmacopée française. Certains antiseptiques peuvent faire office de désinfectants.

DÉSINFECTION ET DÉSINFECTANTS

La désinfection est « une opération au **résultat momentané**, permettant **d'éliminer ou de tuer les micro-organismes et/ou d'inactiver les virus** indésirables portés par des **milieux inertes contaminés** (matériel, mobilier, sols, murs…). On parle de désinfection des mains quand celles-ci sont considérées comme des instruments (contamination manu-portée).

Pour réaliser la désinfection, on utilise des **désinfectants**.

ASEPSIE

L'asepsie est un ensemble de mesures **préventives** permettant d'empêcher tout **apport exogène de micro-organismes** au niveau des surfaces **inertes** ou **biologiques**, ou au niveau des **fluides**.

L'asepsie, l'antisepsie et la désinfection permettent de lutter contre l'infection.

2 AGENTS PHYSIQUES

La destruction des micro-organismes par les différents agents physiques consiste en la stérilisation.

La **stérilisation** est une opération permettant d'**éliminer** ou de **tuer** les **micro-organismes** présents dans le **milieu inerte contaminé**. La stérilisation est une désinfection au **résultat durable** et la matière stérilisée le reste jusqu'à l'ouverture du conditionnement (1). Les spores doivent donc être détruites.

Le principal problème de la stérilisation et de la lutte contre les micro-organismes en général est de détruire les spores, qui sont une forme de résistance du micro-organisme quand les conditions lui sont défavorables.

(1) Il existe néanmoins une date limite de validation pour la stérilisation ; elle est indiquée sur les conditionnements.

Les principaux agents physiques utilisés sont :
- la chaleur ;
- les radiations ;
- la filtration stérilisante ;
- les gaz : oxyde d'éthylène ou formaldéhyde.

CHALEUR

On utilise la chaleur humide ou la chaleur sèche.

Paramètres de la stérilisation par la chaleur

Un micro-organisme, comme tout être vivant, a une température optimale de fonctionnement ; quand on augmente cette température pendant un certain temps, on peut détruire le micro-organisme.

La **température** et le **temps** sont les deux paramètres intervenant dans la stérilisation par la chaleur.

La durée de stérilisation est fonction :
- de la nature du matériel à stériliser ;
- du volume du matériel ;
- du conditionnement.

On a pu établir les températures et les temps minima à respecter pour obtenir une destruction de tous les micro-organismes et surtout de toutes les spores. Températures et temps sont inversement proportionnels.

Cinétique d'inactivation par la chaleur

Après diverses études et expériences, on a pu établir une cinétique (vitesse) d'inactivation par la chaleur.

Le nombre de micro-organismes survivant à un traitement stérilisant décroît exponentiellement avec le temps.

Pour le *Bacillus thermophilus*, on obtient la courbe suivante :

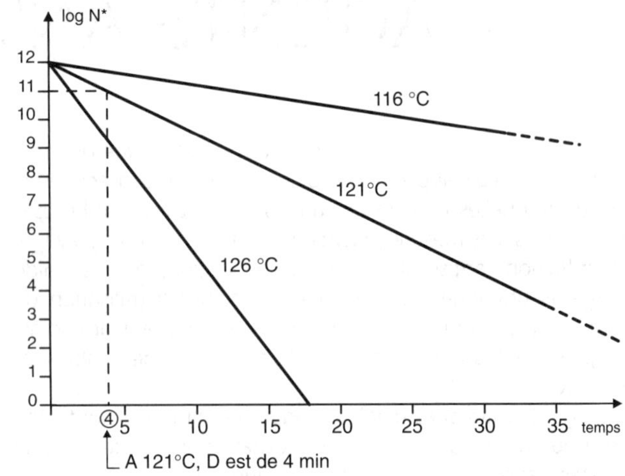

* Log N représente la population de micro-organismes.

Conclusion : plus la température est élevée, moins le temps nécessaire pour détruire les micro-organismes est important.

Ces courbes permettent de définir le **temps de réduction décimale D** : **Le temps de réduction décimale est le temps nécessaire pour détruire 90 % de la population bactérienne.**

Donc, au temps D, il ne reste que 10 % de bactéries vivantes.

Le temps de réduction décimale D est constant pour une bactérie et une température données ; de ce fait, à une température donnée, plus le nombre de micro-organisme est important, plus le temps nécessaire pour les détruire sera important.

COURBES D'INACTIVATION THERMIQUE DE *BACILLUS THERMOPHILLUS* À 121 °C POUR 3 POPULATIONS DE DÉPART DIFFÉRENTES

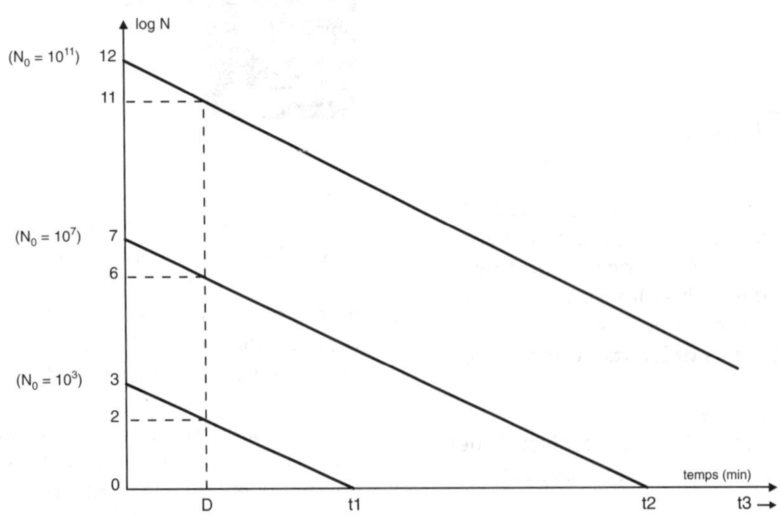

D est de 4 minutes ; lorsque N_0 diminue, le temps nécessaire pour détruire tous les micro-organismes diminue.

Si $N_0 = 10^4$, le temps de destruction est de t2, si $N_0 = 10$, le temps de destruction est t1, t1 est bien inférieur à t2.

Inversement, quand N_0 augmente, le temps nécessaire à la destruction augmente.

Stérilisation par chaleur sèche

La chaleur sèche détruit tous les micro-organismes et les spores par **carbonisation des matières organiques**. Leur reproduction devient impossible.
La stérilisation par la chaleur sèche est réalisée dans un **four Poupinel** (ou four Pasteur), mais aussi par flambage des instruments.
Les températures et temps minima pour obtenir la destruction des micro-organismes et des spores, quel que soit leur nombre de départ, sont :
- 30 minutes à 180 °C ;
- 1 heure à 170 °C ;
- 2 heures à 160 °C ;
- 3 heures à 140 °C.

Ces valeurs sont extraites de : *Méthodes de stérilisation de la pharmacopée européenne.*
La chaleur sèche est utilisée pour stériliser :
- le matériel métallique ;
- les objets en porcelaine : filtres, mortiers, etc. ;
- les aiguilles et matériels de dissection ;
- la verrerie.

Stérilisation par chaleur humide

La chaleur humide détruit les micro-organismes par **coagulation de leur cytoplasme et dénaturation irréversible des enzymes** nécessaires à leur métabolisme. La reproduction des micro-organismes devient impossible, sauf si le temps est trop court.
La stérilisation par la chaleur humide, réalisée dans des **autoclaves**, est régie par trois paramètres :
- le **couple température-pression** : à l'air libre (pression atmosphérique) l'eau bout à 100 °C. Si l'on augmente la pression, la température d'ébullition de l'eau augmente (à une pression de 2 bars, elle est de 120 °C ; à une pression de 4 bars, elle est de 143 °C). Dans l'autoclave, la pression est supérieure à la pression atmosphérique, la température d'ébullition de l'eau est donc supérieure à 100 °C ;
- l'**hygrométrie ;**
- le **temps** : il est inversement proportionnel à la température. Les temps moyens sont : 20 min à 121 °C ; 15 min à 126 °C ; 10 min à 134 °C.

Lorsque les matériaux à stériliser ne supportent pas de fortes chaleurs, on peut réaliser le protocole suivant : chauffage à 70 °C à trois reprises ; lors du premier chauffage, les micro-organismes sont détruits mais pas les spores ; les deuxième et troisième chauffages permettent la destruction des micro-organismes issus des spores qui auront germé.
Les produits stérilisables par la chaleur humide doivent être thermorésistants et insensibles à l'humidité. On stérilise dans des autoclaves :
- les instruments de chirurgie, le matériel de laboratoire, etc., en métal (sauf en chrome et nickel) ;
- les matières plastiques : sondes, biberons, etc. ;
- le caoutchouc : gants, matériel de chirurgie, etc. ;
- les textiles ;
- les milieux de culture, sauf ceux qui contiennent de l'albumine (protéine) ;
- les conserves industrielles.

La stérilisation par la chaleur humide demande des températures et des temps plus faibles que la chaleur sèche.
Elle présente de nombreux avantages et elle est actuellement le procédé le plus utilisé.
La **pasteurisation**, procédé mis au point par Pasteur pour décontaminer le vin, est une méthode de stérilisation par chaleur humide. Le lait est maintenu à une température de 62 °C pendant 30 minutes. La reproduction des micro-organismes est possible car les spores ne sont pas totalement détruites.
À noter que, lors de la **congélation** (– 18 °C), les micro-organismes sont inhibés par congélation de l'eau intracellulaire et blocage de l'activité enzymatique. La reproduction n'est que stoppée, et les micro-organismes ne sont pas détruits.

RADIATIONS

Deux types de radiations sont utilisées : les radiations ionisantes et les radiations non ionisantes.

Radiations ionisantes

Les rayons utilisés sont les **rayons X ou gamma**. Les produits obtenus sont ionisés… mais pas radioactifs.
Les radiations ionisantes ont pour **cible l'ADN cellulaire**. De ce fait, la synthèse des protéines, donc des enzymes, est impossible ; le micro-organisme et la spore meurent.
Elles sont utilisées pour stériliser :
- le matériel de suture ;
- le matériel à usage unique ;
- les produits pharmaceutiques, etc.

Radiations non ionisantes

Les radiations non ionisantes sont les **rayons ultraviolets** (UV), dont la longueur d'onde est comprise entre 10 et 400 nanomètres (1).
Les UV sont produits par le soleil et les lampes à ultraviolet.

Mode d'action sur les micro-organismes

Les UV détruisent la plupart des micro-organismes, sauf les spores, en altérant **leur structure chimique**. La reproduction est possible à partir des spores restantes.
La longueur d'onde la plus efficace est 253 nm ; dès que l'on s'éloigne de cette valeur, le pouvoir germicide des UV diminue.

Paramètres de la stérilisation par les UV

Ce sont :
- distance entre la source des UV et la cible : les UV sont des stérilisants de surface ;

(1) Le visible a une longueur d'onde de 400 nm ; les rayons X ont une longueur d'onde comprise entre 0,01 et 5 nm ; les rayons gamma ont une longueur d'onde inférieure à 0,01 nm ; la longueur d'onde des infrarouges est comprise entre 10^3 et 10^5 nm et enfin les ondes hertziennes ont une longueur d'onde supérieure à 10^5 nm.

• l'hygrométrie : la destruction des germes est favorisée par un taux d'humidité d'environ 50 % (l'absorption des UV est plus importante dans l'eau) ;
• le temps d'exposition ;
• la température : la stérilisation par les UV est maximale aux environs de 30 °C.

Utilisation

Stérilisation des **locaux** : bloc opératoire, laboratoires, chambres froides, cellules stériles pour le conditionnement des produits dans l'industrie pharmaceutique, etc.
Stérilisation de certains **liquides** : eau chirurgicale, plasma sanguin, produits pharmaceutiques thermosensibles, etc.
Stérilisation de certains **matériels** : table d'opération, matériel de coiffure, etc.
À noter que les radiations ultraviolettes sont plutôt un **procédé de désinfection** qu'un procédé de stérilisation.

FILTRATION STÉRILISANTE

La filtration stérilisante débarrasse certains produits (gaz ou liquide) de leurs micro-organismes par **passage à travers un filtre.** Ce filtre est un milieu poreux (cellulose, fibres de verre, laine, métal, porcelaine) qui retient les particules solides dont la taille est supérieure à 0,22 micromètre ; c'est-à-dire qu'il **retient les plus petites bactéries mais pas les virus.**
La composition chimique du gaz ou du liquide n'est pas modifiée.
Les domaines d'utilisation de la filtration stérilisante sont variés ; on l'utilise :
• au **laboratoire**, pour stériliser de petites quantités de liquide et pour dénombrer des micro-organismes dans un liquide contaminé ;
• en **pharmacie hospitalière**, pour préparer certains solutés injectables et certaines solutions buvables destinées à des patients à hauts risques ;
• au **bloc opératoire**, pour stériliser l'eau de lavage des mains ;
• dans **l'industrie pharmaceutique**, pour stériliser les liquides thermosensibles ;
• dans **l'agroalimentaire**, pour la décontamination des eaux de table.

STÉRILISATION PAR LES GAZ

Deux gaz sont utilisés : l'oxyde d'éthylène et le formaldéhyde.

Oxyde d'éthylène

L'oxyde d'éthylène bloque le métabolisme des micro-organismes qui ne peuvent plus se reproduire.
C'est un gaz dangereux, et de nombreuses précautions sont à prendre.
La circulaire du ministère de la santé du 7 décembre 1979 précise que « la stérilisation du matériel médical par l'oxyde d'éthylène ne doit être utilisée que si aucun autre moyen de stérilisation n'est possible ».
L'oxyde d'éthylène est très utilisé dans l'industrie pharmaceutique et dans les « gros » hôpitaux pour la stérilisation du matériel à usage unique thermosensible, car c'est la seule inscrite à la pharmacopée française.

Formaldéhyde

Le formaldéhyde, obtenu par évaporation d'une solution aqueuse de formol à 35 %, est utilisé pour la stérilisation des matières plastiques thermosensibles, uniquement dans l'industrie non pharmaceutique car il n'est pas inscrit à la Pharmacopée française.
C'est également un gaz dangereux, mais il est plus facile à utiliser que l'oxyde d'éthylène.

3 AGENTS CHIMIQUES

Parmi les principaux agents chimiques, on distingue les désinfectants des autres substances : antiseptiques, antibiotiques, antifongiques, antiviraux, antiparasitaires. En effet, les désinfectants sont utilisés pour détruire des micro-organismes sur des milieux inertes, alors que les antiseptiques, antibiotiques, etc., sont utilisés sur des milieux vivants.

ANTISEPTIQUES ET DÉSINFECTANTS

Avant d'étudier les définitions et les différents produits utilisés, quelques mots pour retracer l'historique de ces produits.

Notions historiques

Depuis toujours l'homme a essayé de trouver divers produits et diverses méthodes pour se protéger et lutter contre les infections.
Dans l'Antiquité le principal moyen de lutter contre les maladies est la propreté. Les Égyptiens utilisent des épices, des essences et huiles végétales pour « nettoyer » les plaies.
Au Moyen Âge, la seule mesure efficace contre les maladies contagieuses comme la peste est l'isolement. La notion d'organisme invisible propageant ces maladies se développe.
À la Renaissance, Paracelse (médecin suisse) améliore le traitement des plaies par des pansements à base de mercure et de cuivre.
En 1537, le chirurgien français Ambroise Paré panse les plaies avec un mélange de jaune d'œuf, d'huile de rosat et de térébenthine. Il obtient le taux d'infection le plus bas de l'époque.
En 1750, le mot « antiseptique » est employé pour la première fois ; le français Claude Bertholet découvre l'eau de

Javel (en 1790). En 1793, un chirurgien français utilise des dérivés du chlore contre la « pourriture » de l'hôpital.
L'iode et l'eau oxygénée sont découverts dans les années 1810.
En 1867, Joseph Lister utilise l'acide phénique (phénol) pour prévenir l'infection à la suite d'une fracture ouverte de la jambe ; la mortalité baisse de 60 % à 15 %.
Vers la fin du XIXe siècle, de nouvelles formes de produits apparaissent ainsi que de nouvelles utilisations : le formaldéhyde est utilisé pour désinfecter les locaux, l'eau de Javel est utilisée pour désinfecter l'eau.
Pendant la Première Guerre mondiale, mise au point du dakin (à base de chlore) par le médecin Henry Dakin.
Dans les années 1950, mise au point de la chlorhexidine et de la polyvinyl-pyrrolidone iodée (PVP).

Facteurs influençant l'activité des désinfectants et antiseptiques

Les antiseptiques et désinfectants provoquent la mort des micro-organismes par réaction chimique avec certaines structures de ces micro-organismes (paroi, noyau, etc.).
Cette réaction chimique est fonction des éléments suivants :
- la **concentration** : le produit ne doit être ni trop dilué, pas d'action, ni trop concentré, toxique ou corrosif pour le matériel. Parfois, le même produit sera utilisé comme désinfectant à forte dose et comme antiseptique à faible dose ; c'est le cas de l'eau de Javel : à forte dose, c'est un désinfectant, mais à faible dose comme dans le Dakin, c'est un antiseptique ;
- **la température** : il faut toujours respecter la température recommandée par le laboratoire. L'eau de Javel est dénaturée par la chaleur ;
- le **temps de contact** : il faut un temps de contact minimum entre le produit chimique et le micro-organisme pour que ce dernier soit tué. Attention néanmoins, un temps de contact trop long pourra léser les tissus ou les matériaux ;
- **l'acidité et le pH** interviennent principalement sur la croissance des micro-organismes. Suivant son acidité, un produit sera plus ou moins actif ;
- les **substances interférentes** : certaines substances mises au contact avec le désinfectant ou l'antiseptique peuvent modifier l'action de celui-ci. Par exemple :
  - le calcium contenu dans une « eau dure » peut inhiber la chlorhexidine et les ammoniums quaternaires ;
  - l'iode et le mercure, quand ils sont mis en contact, peuvent former un composé très agressif pour les tissus ;
  - la présence de matières organiques (sang, urine, selle, vomi, etc.) diminue l'activité de tous les antiseptiques et désinfectants ; il faut donc avant d'appliquer le produit éliminer par un lavage soigneux toutes ces matières organiques.

Mécanisme d'action des antiseptiques

Le mécanisme d'action des antiseptiques sur les micro-organismes est complexe et varié. Les principales actions ont lieu au niveau :
- de la membrane cytoplasmique ;
- de la paroi ;
- des ribosomes : dénaturation des protéines et atteinte du matériel enzymatique ;
- de l'ADN, avec une détérioration du matériel génétique.

Les différentes familles d'antiseptiques

Les antiseptiques appartiennent à différentes classes chimiques. Nous n'étudierons que les antiseptiques utilisés couramment, c'est-à-dire : alcools, produits iodés, chlorhexidine, dérivés chlorés, ammoniums quaternaires, carbanilides, dérivés mercuriels.
Certains antiseptiques présentent des particularités, tant du point de vue des **précautions d'emploi** que des **incompatibilités** et de la **conservation**.

Produits iodés

Précautions d'emploi :
- absorption intense chez l'enfant (surtout le nourrisson), donc ne pas utiliser chez l'enfant de moins de 30 mois ;
- ne pas utiliser en cas d'intolérance à l'iode ;
- incompatibilités avec la chlorhexidine, les dérivés mercuriels, la teinture de benjoin.

Chlorhexidine

Précautions d'emploi :
- ne jamais mettre en contact avec l'oreille moyenne (risque de surdité) ;
- les bains de bouche répétés (pendant plusieurs semaines) peuvent entraîner la coloration en brun des dents et de la langue ;
- incompatibilités avec les savons en application simultanée (bien rincer après lavage au savon), les matières organiques, les dérivés iodés, chlorés, mercuriels.

Conservation : les solutions se contaminant très rapidement, tout flacon ouvert doit être utilisé très rapidement.

Ammoniums quaternaires

Conservation : les solutions se contaminant très rapidement, tout flacon ouvert doit être utilisé très rapidement.

Carbanilides

Précautions d'emploi :
- ne pas diluer les produits dans une eau supérieure à 50 °C ;
- ne pas utiliser : chez le nouveau-né, sur une muqueuse.

Conservation : Les solutions se contaminant très rapidement, tout flacon ouvert doit être utilisé très rapidement.

Les contaminations des solutions aqueuses (uniquement) d'antiseptiques ne sont pas rares, et il faudrait tendre vers des conditionnements unitaires, afin de ne pas conserver un antiseptique après ouverture. Les solutions contaminées d'antiseptiques peuvent être à l'origine d'infection nosocomiale.

Antiseptiques	Mode d'action	Utilisations
Alcool (éthylique ou éthanol) à 60° ou à 70°modifié	Bactéricide par dénaturation des protéines, fongicide, mais non sporicide Action immédiate mais éphémère (l'alcool est volatil)	Peau saine : injections Ne pas utiliser sur les plaies ni les muqueuses car caustique
Produits iodés : – Betadine® (PVP) – alcool iodé (1 % d'iode) – teinture d'iode (5 % d'iode)	Oxydants par libération d'iode Bactéricide, fongicide, sporicide faible, virucide Faible toxicité pour les tissus et bonne pénétration	Antisepsie de la peau saine Antisepsie des plaies : dermique (flacon jaune) et « Scrub » (flacon rouge) diluée au tiers Gynécologie (flacon bleu) Irrigation Bains de bouche (flacon vert)
Chlorhexidine, appartient à la famille des biguanides	Bactéricide, mais inactive sur les mycobactéries Virucide (VIH, herpès) Fongistatique	Antisepsie de la peau saine Plaies Irrigation Bain de bouche
Dérivés chlorés, soluté de dakin	Agit par libération de chlore, substance oxydante Bactéricide, mais peu active sur les mycobactéries Fongicide faible Virucide : probable	Antisepsie de la peau saine Irrigation des plaies en dilution Toilette périnéale avant ECBU
Ammoniums quaternaires : chlorure de benzalkonium, céthéxonium, cétrimide, etc.	Tensio-actifs cationiques Bactériostatiques, spectre étroit Fongistatiques Virucide : action variable Non sporicides	Antisepsie de la peau saine : solution alcoolique Plaies : solution aqueuse
Carbanilides (triclocarban) : Septivon®, Solubacter®, etc.	Bactériostatique : spectre très étroit Fongicide *: tricophyton* Non sporicide.	Traitement d'appoint des infections dermatologiques et en préventif

Choix d'un antiseptique

Le choix d'un antiseptique repose sur les points suivants :

• le résultat d'une antisepsie dépend du nombre de germes au départ et de la nature du germe. Les germes à Gram négatif sont en général moins sensibles que les Gram positif. La résistance des micro-organismes est soit naturelle, soit acquise par contacts répétés avec l'antiseptique ;

• l'antiseptique est sélectionné en fonction de son spectre d'activité. Les antiseptiques présentant un large spectre sont les dérivés iodés et chlorés, le triclocarban, la chlorhexidine ; les ammoniums quaternaires sont inactifs sur les bactéries à Gram négatif ;

• l'antiseptique est recherché pour sa forte rémanence (1) et son effet cumulatif (surtout en milieu hospitalier), ainsi que pour sa faible inhibition par les matières organiques (sang, pus…) ;

• la bonne tolérance et l'innocuité sont nécessaires pour des applications répétées et pour des surfaces étendues. Le choix doit tenir compte du type de soins : peau saine, peau lésée, muqueuse ;

• la rapidité d'action : en limitant la durée d'utilisation, on améliore l'observance.

ANTIBIOTIQUES

Les antibiotiques sont des médicaments qui s'attaquent aux **bactéries**, soit en les détruisant (effet bactéricide), soit en les empêchant de se développer (effet bactériostatique).

(1) L'effet rémanent permet de prolonger l'activité de l'antiseptique par la persistance de son action ; il est particulièrement intéressant pour le lavage des mains et la préparation du champ opératoire.

Généralités et définitions

Il a fallu attendre **Victor Fleming**, en 1929, pour découvrir le premier antibiotique. Cette découverte a été fortuite. Ce biologiste écossais étudiait alors des cultures de staphylocoques dans des boîtes de Pétri. L'une de ces boîtes fut accidentellement contaminée par des moisissures du genre *Penicillium*. Fleming constate alors que, autour de la moisissure, les staphylocoques ont disparu. Il en conclut donc que le champignon nommé *Penicillium* a sécrété une substance qui, ayant diffusé dans la gélose de la culture, a empêché la croissance du staphylocoque. Fleming donne à cette substance le nom de **pénicilline**. Il venait de découvrir le premier antibiotique. Néanmoins, ce n'est qu'en 1940 que la pénicilline sera commercialisée.

Depuis la découverte de Fleming, de nombreux antibiotiques ont été découverts.

On peut donc, au vu de la découverte de Fleming, définir **l'antibiose** comme étant le **fait que la prolifération d'une première espèce microbienne puisse être mise en échec par une seconde espèce. Celle-ci élabore à cet effet des substances nuisibles à l'égard de la première espèce : ce sont les bio-antibiotiques appelés désormais antibiotiques.** L'antibiotique est donc une « arme » utilisée par la deuxième espèce dans la concurrence vitale qui l'oppose à d'autres micro-organismes.

À noter que la notion d'antibiose fut exprimée clairement, pour la première fois, en 1877 par Pasteur, lorsqu'il constata l'effet inhibiteur des bactéries saprophytes sur la croissance de *Bacillus anthracis* (agent pathogène du charbon).

L'antibiotique peut se définir ainsi : **toute substance élaborée par des micro-organismes**, ou pouvant être reproduite par synthèse, **qui possède la propriété de détruire les bactéries ou d'inhiber leur croissance**. On assimile aux antibiotiques des **substances de synthèse** qui possèdent une activité antibactérienne, **comme les sulfamides et les quinolones.**

En moins d'un demi-siècle, l'antibiothérapie a changé totalement non seulement le devenir des maladies infectieuses, mais aussi le traitement de l'ensemble des affections médicales et chirurgicales (des interventions techniquement réussies pouvaient se terminer par la mort, à cause d'une septicémie provoquée par une bactérie).

Dans les pays occidentaux, l'espérance de vie a augmenté de dix ans grâce aux antibiotiques.

Classification

Plusieurs types de classifications sont envisageables, mais elles sont toutes sujettes à des réserves.

La classification basée sur **le mécanisme d'action** rend compte des propriétés particulières de chaque groupe d'antibiotique.

La **classification chimique** permet de classer les antibiotiques en groupes assez homogènes, mais éloignés des objectifs cliniques.

Aucune des classifications prises séparément ne paraît être satisfaisante.

Classification chimique

La classification chimique est celle qui est la plus utilisée, dans les différents ouvrages de pharmacologie.

D'après cette classification les principales familles sont :

- les bêta-lactamines ;
- les aminosides ;
- les tétracyclines ;
- les macrolides ;
- le chloramphénicol et ses dérivés ;
- les quinolones ;
- les sulfamides ;
- les polypeptides.

Ces différentes familles sont étudiées en pharmacologie. Néanmoins, retenons, pour certaines d'entre elles, l'existence d'une particularité nominale dans la DCI ; particularité très utile à connaître dans la pratique quotidienne officinale et hospitalière.

Famille	DCI	Exemple
Céphalosporine	cef-	Céfaclor
Tétracycline	-cycline	Doxycycline
Fluoroquinolone	-oxacine	Ofloxacine
Sulfamide antibactérien	sulfa-	Sulfaguanidine
Pénicilline	-cilline	Amoxicilline
Quinolone 1re génération	acide…	Acide nalidixique
Phénicolés	-phénicol	Chloramphénicol
Macrolides	-mycine	Erythromycine
Aminosides	-micine	Gentamicine

Structure chimique

La structure chimique des antibiotiques étant complexe, nous ne nous intéresserons qu'aux grandes lignes de ces structures.

Bêta-lactamines

Elles présentent toutes le cycle bêta-lactamine caractérisé, entre autre, par une fonction cétone et un groupe aminé.

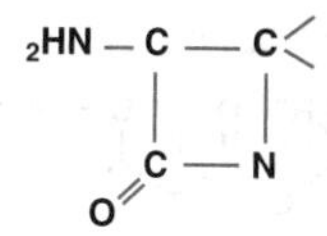

Dans les bêta-lactamines, on a les **pénicillines** et les **céphalosporines**.

PÉNICILLINE

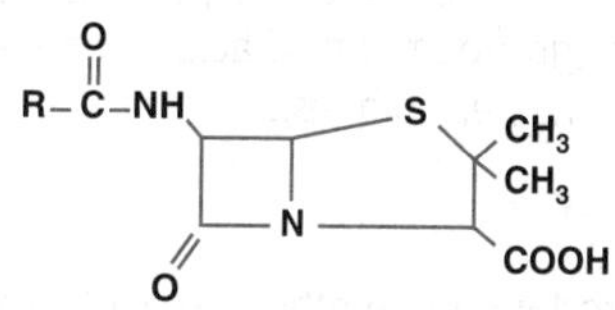

Pénicilline

CÉPHALOSPORINE

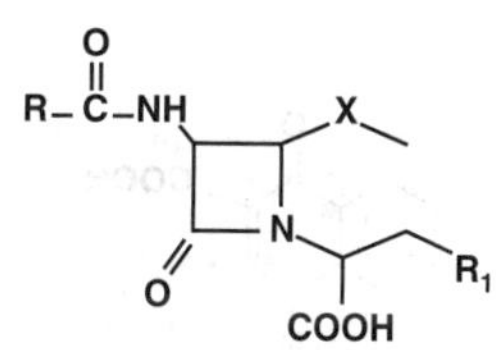

Céphalosporine

Leur parenté chimique explique les allergies croisées qui existent entre ces deux familles.

Tétracyclines

Comme leur nom l'indique, elles présentent quatre cycles accolés.

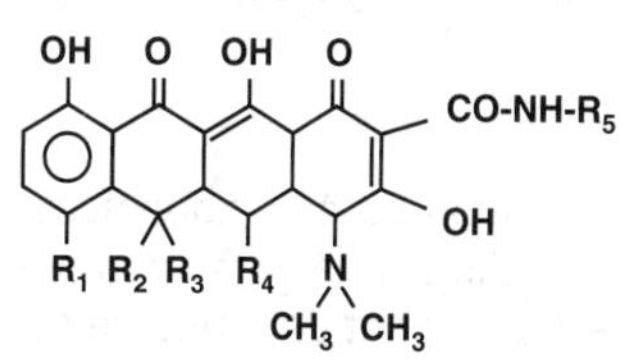

Chloramphénicol et dérivés

Ils possèdent tous un noyau aromatique.

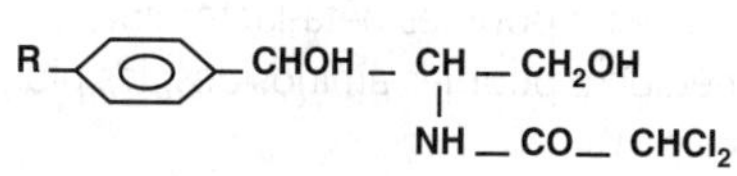

Aminosides

Ce sont des hétérosides constitués par une génine reliée par des liaisons osidiques avec des oses particuliers.

Macrolides

Ils sont constitués d'un cycle lactonique comportant de nombreux radicaux méthyle (CH_3) ; sur ces cycles sont fixés des sucres.

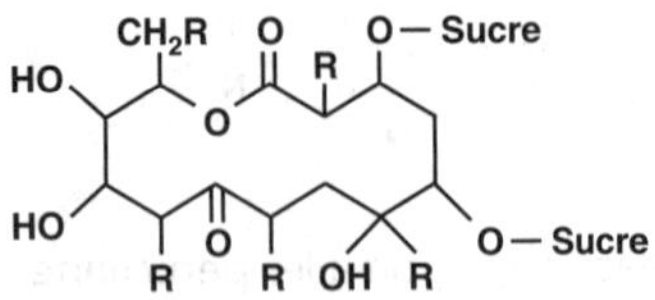

Polypeptides

Les polypeptides sont caractérisés par l'association de plusieurs peptides (groupements d'acides aminés reliés entre eux par des liaisons peptidiques).

Quinolones

Ce sont des produits de synthèse qui n'existe pas dans la nature. La plupart des quinolones, classées en première et deuxième génération (fluoroquinolones), présentent en commun cette structure :

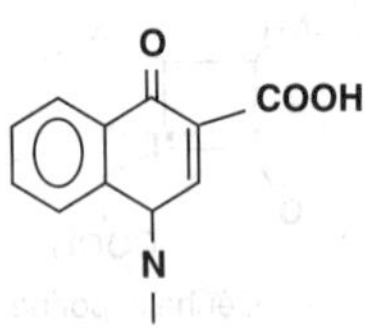

Sulfamides

Comme les quinolones, ce sont des produits de synthèse. La sulfaguanidine, premier sulfamide antibactérien, a été mise sur le marché en 1939.

Ils présentent tous en commun :

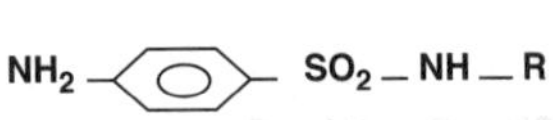

Remarque

Même si la classification basée uniquement sur le **pouvoir de diffusion** de l'antibiotique dans l'organisme ne présente pas d'intérêt, il est important de connaître cette diffusion. En effet, pour pouvoir agir, l'antibiotique doit impérativement atteindre le lieu de l'infection.

Par exemple :

- bonne diffusion pour les phénicolés, les tétracyclines, les macrolides, les fluoroquinolones ;
- diffusion moyenne pour les bêta-lactamines ;
- diffusion médiocre pour les aminosides, les plolymyxines, la vancomycine.

Mode d'action

Les antibiotiques peuvent agir à différents niveaux de la structure bactérienne. Le lieu et le mode d'action de l'antibiotique peuvent être à la base d'une classification. Les antibiotiques peuvent agir sur : la paroi, la membrane cytoplasmique, les acides nucléiques, les ribosomes, la synthèse de l'acide folique.

Antibiotiques agissant sur la paroi

En inhibant la synthèse du peptidoglycane (la muréine), l'antibiotique empêche la formation de la paroi, ce qui entraîne la mort de la bactérie :

• **bêta-lactamines** avec principalement les pénicillines, les céphalosporines et les monobactams :

– pénicillines :
  - groupes G et V : actives sur les cocci, les bacilles à Gram positif et le tréponème (agent de la syphilis) ; benzylpénicilline (pénicilline G®), pénicilline V (Oracilline®, Ospen®) ;
  - groupe M : antistaphylococcique ; oxacilline (Bristopen®), cloxacilline (Orbénine®) ;
  - groupe A : spectre élargi à certains bacilles à Gram négatif, mais inactivés par les pénicillinases ; ampicilline (Totapen®), amoxicilline (Clamoxyl®, Amodex®...), bacampicilline (Penglobe®, Bacampicine®), etc. ;
  - il existe d'autres groupes de pénicillines très particulières étudiés en pharmacologie ;

– céphalosporines : ce sont des antibiotiques à large spectre, dont l'intérêt réside surtout dans leur activité sur les bacilles à Gram négatif. Les générations successives présentent une amélioration du spectre. Elles sont nombreuses (étude en pharmacologie) et nous ne citerons que quelques exemples :
  - 1re génération : céfadroxil (Oracéfal®), céfaclor (Alfatil®), céfazoline (Céfacidal®), etc. ;
  - 2e génération : céfuroxime (Cépazine®, Zinnat®), etc. ;
  - 3e génération : céfotaxime (Claforan®), céfixime (Oroken®), cefpodoxime (Orelox®), etc. ;

– monobactams : actifs uniquement sur les bacilles à Gram négatif ; aztréonam (Azactam®).

• **fosfomycine** : spectre large, toujours utilisé en association pour éviter les résistances ; Fosfocine®, Uridoz®, Monuril® ;

• **glycopeptides** : spectre étroit, staphylocoque et entérocoque ; vancomycine.

Antibiotiques agissant sur la membrane cytoplasmique

Ce sont des antibiotiques de nature polypeptidique qui détruisent partiellement la membrane ou la dénaturent :

• **polymyxines** : spectre étroit limité aux bacilles à Gram négatif ; (Colimycine®) ;

• **gramicidines** et **tyrocidine** : spectre étroit à Gram positif ; ils sont utilisés en usage local : bacitracine et tyrothricine.

Antibiotique agissant sur les acides nucléiques

On distingue les antibiotiques qui agissent sur l'ADN de ceux qui agissent au niveau de l'ARN. Ils inhibent les enzymes qui assurent la synthèse des acides nucléiques (ADN polymérase et ARN polymérase) :

Antibiotiques ayant pour cible l'ADN

Quinolones (1re génération) : spectre limité aux bactéries à Gram négatif, sauf *Pseudomonas aeruginosa* ; acide nalidixique, acide oxolinique, acide pipémidique.

Fluoroquinolones (quinolones 2e génération) : spectre élargi au *Pseudomonas* et aux bactéries à Gram positif, notamment les staphylocoques ; elles ont donc un spectre très large ; fluméquine, péfloxacine, norfloxacine, ofloxacine, ciprofloxacine, enoxacine, sparfloxacine, levofloxacine, moxifloxacine.

Produits nitrés :

- **oxyquinoléines** : spectre large, utilisés surtout dans le traitement des infections urinaires ou intestinales ; nitroxoline (Nibiol®) et tilboquinol (Intétrix®) ;
- **nitrofuranes** : large, utilisés surtout dans le traitement des infections urinaires ou intestinales ; nitrofurantoïne (Furadantine®) et nitrofuroxazide (Ercéfuryl®) ;
- **nitro-imidazolés** : spectre limité aux bactéries anaérobies et à certains parasites : métronidazole (Flagyl®), ornidazole (Tibéral®).

Antibiotique ayant pour cible l'ARN

Rifamycines : spectre large, elles sont actives sur les germes à développement intracellulaire et sont principalement utilisés contre le bacille de Koch et les staphylocoques ; rifamycine et rifampicine (Rifadine®).

Antibiotiques agissant sur les ribosomes

Ils perturbent et empêchent la synthèse des protéines donc des enzymes bactériens :

- **aminosides** : ils perturbent la lecture du message génétique : spectre large, mais toutes les bactéries anaérobies sont résistantes ; streptomycine, kanamycine, tobramycine, amikacine, sisomicine, dibékacine, nétilmicine. La spectinomycine (Trobicine®) a une structure apparentée aux aminosides ; son usage est limité au traitement de la blennorragie gonococcique ;
- **macrolides** : actifs sur les cocci et bacilles Gram positif, mais totalement inactifs sur les entérobactéries et sur *Pseudomonas* (bacilles à Gram négatif) ; érythromycine, josamycine, roxithromycine, clarithromycine, azithromycine, spiramycine ;
- **lincosamides** : lincomycine, clindamycine ;
- **synergistines** avec principalement celle utilisées comme antistaphylococciques : virginiamycine, pristinamycine ;
- **phénicolés** : ils empêchent l'assemblage des acides aminés : spectre large ; chloramphénicol, thiamphénicol ;
- **tétracyclines** : ils sont en compétition avec les ARN de transfert : spectre large mais résistances fréquentes ; tétracycline, doxycycline, minocycline ;
- **acide fusidique** (Fucidine®) : spectre limité, surtout utilisé comme antistaphylococcique.

Antibiotique empêchant la synthèse de l'acide folique

Ce sont les **sulfamides** antibactériens et le **triméthoprime** : leur spectre est large, mais il existe de nombreuses résistances.

Bactéricide, bactériostatique ?

On distingue les antibiotiques **bactéricides**, qui tuent les bactéries, des antibiotiques **bactériostatiques**, qui s'opposent uniquement à la multiplication des bactéries. Dans ce dernier cas, les bactéries ne peuvent plus se multiplier et elles finissent par mourir ou être éliminées par les mécanismes de défense de l'organisme.

Les antibiotiques **bactéricides** sont principalement :

- les bêta-lactamines ;
- les quinolones et fluoroquinolones ;
- les nitro-imidazolés ;
- les rifamycines ;
- les aminosides ;
- les sulfamides et le triméthoprime.

Les antibiotiques **bactériostatiques** sont :

- les macrolides ;
- les tétracyclines.

CMI, CMB

L'activité **bactériostatique** est étudiée à l'aide de la **CMI** ou **concentration minimale inhibitrice.** La CMI est la plus faible concentration d'antibiotique pour laquelle il n'y a pas de croissance visible, à l'œil nu, après 18 heures de culture à 37 °C. Les méthodes de détermination de la CMI sont :

- **dilution en milieu liquide** : la concentration d'antibiotique croît de la cupule témoin à la cupule n° 8 ; toutes les cupules ont la même quantité de bactéries ; à partir d'une certaine concentration de l'antibiotique, le milieu demeure limpide. Par définition, la première cupule où il n'y a plus de croissance visible indique la CMI de l'antibiotique utilisé (ici la CMI est de 2 mg/L) ;

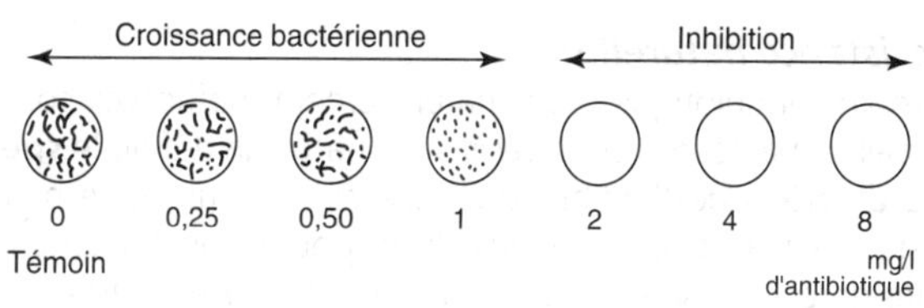

- **diffusion en milieu solide gélosé** (par exemple) : on ensemence le milieu avec des bactéries ; on dispose sur la surface des disques de papier imbibés d'une certaine quantité d'antibiotique.

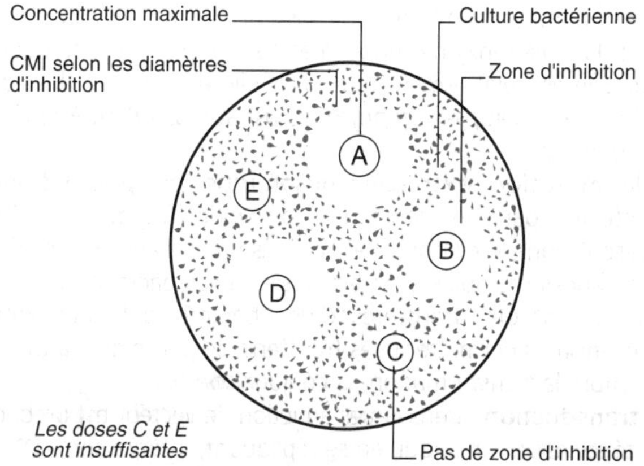

À noter que l'antibiogramme se réalise de la même façon : on ensemence le milieu avec une souche bactérienne et les différents disques sont imbibés d'antibiotiques différents ; plus l'antibiotique est actif, plus la zone d'inhibition autour du disque est grande.

Interprétation clinique de la CMI : l'efficacité de l'antibiotique dépend de son taux au niveau du foyer infectieux ; ce taux est fonction de la concentration sérique et de la posologie, il constitue la **concentration critique** (l'antibiotique doit être en quantité suffisante pour inhiber le développement des bactéries, mais la dose ne doit pas être toxique pour l'individu) :

- si la CMI est inférieure ou égale à la concentration critique, la bactérie est sensible ;
- si la CMI est supérieure à la concentration critique, la bactérie est dite résistante.

L'activité **bactéricide** est évaluée par la **CMB** ou **concentration minimale inhibitrice.** La CMB est la plus faible concentration d'antibiotique qui ne laisse que 0,01 % des bactéries vivantes.

Un antibiotique est dit bactéricide quand sa CMI est proche de sa CMB.

Résistance aux antibiotiques

Les antibiotiques peuvent être naturellement inefficaces contre certaines bactéries (résistance naturelle) ou devenir inefficace contre des bactéries au préalable sensibles à l'antibiotique (résistance acquise).

Résistance naturelle

Certains antibiotiques sont naturellement inefficaces contre certaines bactéries. Cette résistance naturelle définit le **spectre d'action** de l'antibiotique. Elle est connue et se manifeste chez tous les individus de la population bactérienne considérée. Le spectre peut être étroit, moyen, large, très large

Résistance acquise

La résistance acquise apparaît à la suite d'un mécanisme de mutation chromosomique ou extra-chromosomique :

- lors de la **mutation chromosomique**, une altération du chromosome entraîne la synthèse de protéines modifiées : paroi et membranes ne laissent plus passer l'antibiotique, la cible (enzyme, ribosome) ne fixe plus l'antibiotique, etc. Elle est relativement rare, mais elle est stable et héréditaire. Par exemple, *Staphylococcus aureus*, *Pseudomonas aeruginosa* ;
- la **mutation extra-chromosomique** ou **plasmidique** s'effectue par acquisition d'un plasmide, fragment d'ADN présent dans le cytoplasme. Les plasmides transmettent des résistances multiples à différentes espèces bactériennes, car ils peuvent être transférés d'une bactérie à l'autre. Trois mécanismes permettent ces transferts de plasmide : la transduction, la transformation, la conjugaison :
  - **transduction** : dans la transduction, le vecteur est un bactériophage (virus) qui, en se répliquant, intègre son ADN à celui de la bactérie. Quand il quitte la bactérie, il peut amener des gènes bactériens dont celui de la résistance à l'antibiotique. Il pourra ensuite transférer ces gènes de résistance aux nouvelles bactéries qu'il contaminera ;

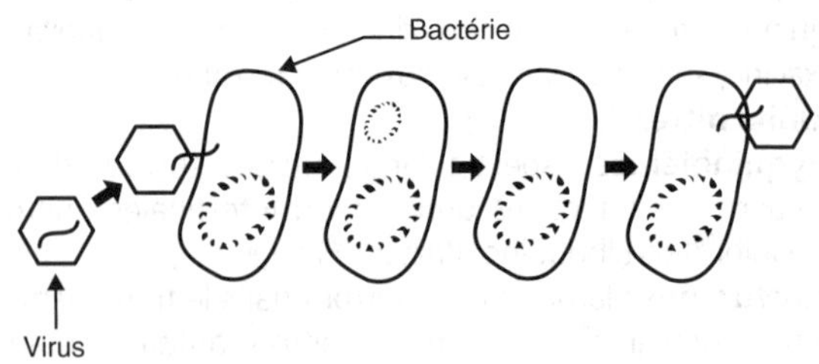

  - **transformation** : elle correspond à la capture d'ADN exogène par des bactéries. Cet ADN exogène peut provenir d'une bactérie lysée ;

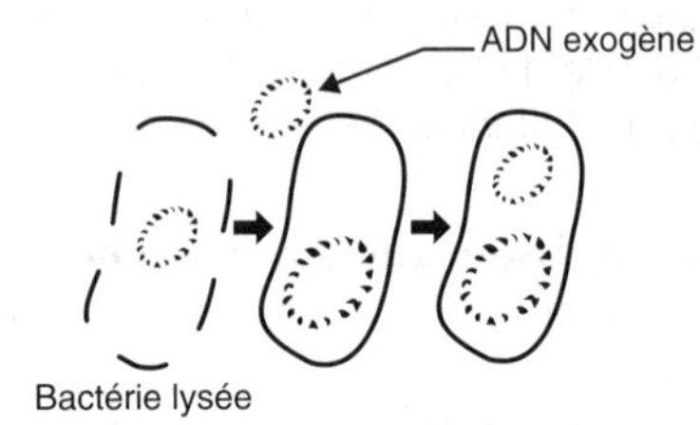

  - **conjugaison** : la conjugaison est un processus au cours duquel de l'ADN est transféré d'une bactérie donneuse à une bactérie receveuse par un mécanisme nécessitant un contact entre les deux bactéries. C'est le phénomène le plus répandu des trois.

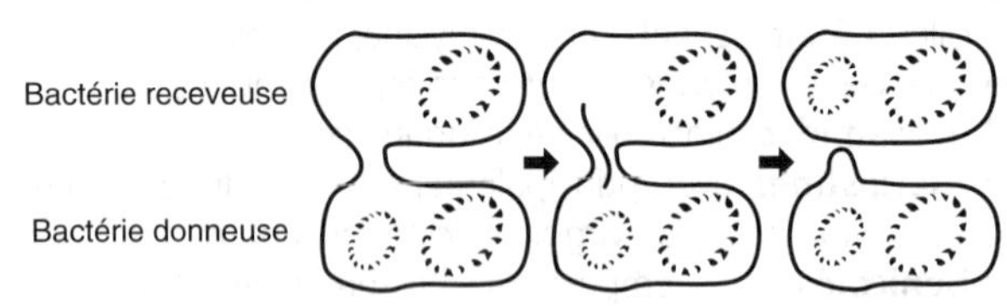

La résistance acquise ne se manifeste que chez certaines bactéries ; les bactéries résistantes sont sélectionnées par l'usage de l'antibiotique et leur proportion s'accroît avec le temps.

Le problème de la résistance des bactéries est aggravé par :

- l'emploi prophylactique des antibiotiques ;
- l'usage inadapté et indifférencié des antibiotiques ; un bon exemple est donné par l'emploi systématique d'un antibiotique pour traiter une angine alors que 80 % des angines sont virales (pour éviter cela, il existe maintenant un test qui permet au médecin de savoir si l'angine est due à un virus ou à une bactérie) ;
- l'administration aux volailles et autres animaux d'élevage.

Les résistances aux antibiotiques sont de plus en plus nombreuses et aucune famille d'antibiotique réellement nouvelle n'est en vue.
Ainsi, parmi les pneumocoques (responsables d'infections ORL et respiratoires), les résistances à la pénicilline étaient quasiment nulles en France il y a 15 ans ; elles touchent aujourd'hui plus de 50 % des souches !
Autre exemple significatif : les *Haemophilus*, responsables de nombreuses infections ORL et respiratoires chez le petit enfant, ont vu leur résistance à la pénicilline doubler en 2 ans (de 35 % à 70 %) en Île-de-France.
• La prolifération de ces résistances pose de graves problèmes thérapeutiques, notamment dans les services de réanimation des hôpitaux. Le Pr Benoît Schlemmer, de l'hôpital Saint-Louis, estime : « Il n'est pas interdit de penser qu'un jour on se trouvera devant une impasse thérapeutique. »

4 SUJETS DE REFLEXION

1) Définir la stérilisation

2) Citer les 4 paramètres d'une stérilisation par chaleur humide

3) Compléter le tableau suivant

	Désinfectant	Antiseptique
Exemple		
Fonction		
Durée d'action		
Lieux d'application		
Condition d'efficacité		

4) Citer 6 agents antimicrobiens, en précisant s'il est physique ou chimique

5) Définir le temps de réduction décimale

6) Indiquer l'action de la chaleur humide et de la chaleur sèche sur les micro-organismes

7) Vrai, faux
   - 7.1 Le matériel thermorésistant peut être stérilisé par la chaleur humide
   - 7.2 L'asepsie est l'ensemble des mesures qui empêchent la pénétration des micro-organismes dans un organisme
   - 7.3 Les aliments peuvent être stérilisés avec des UV
   - 7.4 Un antibiotique peut détruire les virus
   - 7.5 La CMI mesure l'activité bactériostatique d'un antibiotique
   - 7.6 Il n'est pas utile de nettoyer une paie avant d'appliquer l'antiseptique

8) Citer les 7 familles d'antibiotique les plus utilisées, en indiquant pour chacune une spécialité + DCI, ainsi que son lieu d'action dans la bactérie

9) Les bactéries deviennent de plus en plus résistantes aux antibiotiques. Ce phénomène est souvent d'origine plasmidique. Expliquer ce que sont les plasmides et présenter succinctement ce mécanisme.

10) Indiquer pourquoi il est indispensable de sécher une plaie, une fois le nettoyage effectué, avant d'appliquer l'antiseptique

11) Compléter le tableau suivant

	Antibiotique	Antiseptique
Bétadine*		
Chlorhexidine		
Dakin*		
Éryfluid*		
Fucidine*		
Soframycine*		
Septivon*		

MICRO-ORGANISMES ET MILIEU

Les micro-organismes constituent, dans les milieux naturels, des populations très abondantes et d'une extrême diversité : bactéries, mycètes, protozoaires, algues. Ils forment avec les autres organismes vivants un écosystème relativement stable dans lequel les différents groupes de micro-organismes sont eux même en équilibre.

Les proportions respectives de chacun d'eux résultent de :

• la nature de leurs produits de sécrétion respectifs : inhibition ou stimulation pour les autres espèces ;

• la composition et les propriétés du milieu environnant : pH, température, humidité.

Le rôle des micro-organismes dans les milieux naturels est fondamental : le recyclage de la matière organique, sans lequel toute vie sur terre deviendrait impossible.

L'étude des relations des micro-organismes avec leur environnement est un domaine complexe mais, à l'heure actuelle, on peut néanmoins attribuer à de nombreuses espèces le rôle qu'elles jouent dans leur écosystème naturel.

Cet écosystème peut être le sol, l'eau, etc., mais aussi, chez l'homme, la peau, le tube digestif, l'oropharynx, le vagin, etc.

1 RELATIONS ENTRE LES MICRO-ORGANISMES ET LEUR ENVIRONNEMENT

Comme nous l'avons déjà vu dans les chapitres précédents, les micro-organismes peuvent être utiles, indifférents, ou néfastes à d'autres organismes et à l'environnement.

S'ils sont utiles, on parle de symbiose ; indifférents, on parle de commensalisme ou saprophytisme ; néfastes, on parle de parasitisme, de pathogénicité, de biocontamination.

SYMBIOSE

Un micro-organisme et un hôte réalisent une **symbiose** quand il y a un bénéfice pour l'hôte et le micro-organisme. Les deux organismes s'aident mutuellement afin de se protéger, de se nourrir ou de se reproduire.

À l'extrême, l'entente est telle que hôte et micro-organisme ne peuvent vivre séparés (le lichen).

Les exemples de symbiose sont très nombreux et parmi les plus importants, citons :

• le **lichen** : le lichen est un exemple de parfaite symbiose entre une algue microscopique et un ascomycète (champignon). L'algue apporte son aptitude à la photosynthèse, tandis que le champignon apporte protection, attachement à un support, captage de l'eau et des sels minéraux. Cette symbiose est si efficace que les lichens sont capables de vivre là où aucune autre plante ne peut se développer ;

• les **mycorhizes**, qui lient des champignons aux racines de nombreuses phanérogames (arbres, arbustes, etc.) ;

• **rhizobium** et **légumineuse** : les bactéries du genre rhizobium ne peuvent se développer que dans la racine d'une plante de la famille des légumineuses. La bactérie utilise l'azote atmosphérique qu'elle transforme en ions ammonium et nitrate utilisés par la plante pour croître ;

• ***Streptococcus faecalis*** et ***Lactobacillus arabinosus*** : le streptocoque synthétise la phénylalanine mais ne sait pas élaborer l'acide folique (1) nécessaire à sa croissance ; inversement, le lactobacille produit de l'acide folique mais est incapable de synthétiser la phénylalanine. En présence l'un de l'autre, ils se développent normalement, chaque bactérie compensant la déficience de l'autre ;

• ***Lactobacillus bulgaricus*** et ***Streptococcus thermophilus*** (fabrication des yaourts par fermentation lactique) : *Streptococcus thermophilus* acidifie le milieu et rend ainsi possible le développement de *Lactobacillus bulgaricus* qui produit l'essentiel de l'acétaldéhyde et de l'acide acétique responsables de la saveur des yaourts.

COMMENSALISME

Le **commensalisme** (2) décrit une relation, entre un micro-organisme et un hôte, dans laquelle seul le micro-organisme (le commensal) tire profit de l'association, mais il ne nuit pas à l'hôte. Dans le commensalisme l'une des deux espèces se nourrit des déchets de l'autre.

Les bactéries commensales ne peuvent vivre qu'au contact ou à proximité des cellules humaines et animales dont elles sont tributaires. Elles constituent les **flores commensales** de la peau et des muqueuses : flore cutanée, flore intestinale, flore oropharyngée, flore vaginale, etc.

(1) La phénylalanine est un acide aminé ; l'acide folique est une vitamine hydrosoluble jouant un rôle capital dans la synthèse des acides nucléiques.
(2) Du latin *commensa* : « manger à la même table ».

La flore intestinale commensale, d'une part, en s'opposant à la colonisation et à la multiplication des bactéries pathogènes et, d'autre part, en produisant des vitamines au niveau du côlon, pourrait à la limite être considérée comme symbiotique ; néanmoins, la différence avec les symbioses « vraies » tient au fait que la dépendance de l'hôte n'est que très partielle.

SAPROPHYTISME

Un micro-organisme vivant dans le milieu naturel et n'étant pas associé à un autre organisme vivant est dit **saprophyte**. Il puise ses nutriments dans la matière organique inerte (et non vivante) qu'il décompose et minéralise.
La plupart des bactéries présentes sur les aliments sont saprophytes, mais elles peuvent devenir parasites facultatifs ; il en va ainsi de *Pseudomonas* et de *Flavobacterium* (apparenté du *Pseudomonas*).
Les champignons supérieurs mais aussi certaines moisissures sont des saprophytes.

PARASITISME

Le **parasitisme** définit une relation entre deux êtres vivants dont l'un vit aux dépens de l'autre et lui nuit.
Le parasite s'est adapté morphologiquement et/ou physiologiquement, pour tirer profit d'un hôte, parfois jusqu'à la mort de celui-ci.
Les virus sont des parasites intracellulaires obligatoires ; pour se multiplier, ils doivent pénétrer dans une cellule (eucaryote ou procaryote), en utiliser les structures, détourner à leur profit le métabolisme des cellules parasitées.
De nombreuses bactéries sont des parasites facultatifs, car elles peuvent se développer en dehors de l'organisme (sur des milieux de culture par exemple).
Les champignons parasites vivent de matière organique vivante ; selon la localisation, les modalités de leur intrusion, les réactions de défense de l'organisme attaqué, ils provoquent des maladies plus ou moins graves.

LES RELATIONS HÔTE-BACTÉRIES

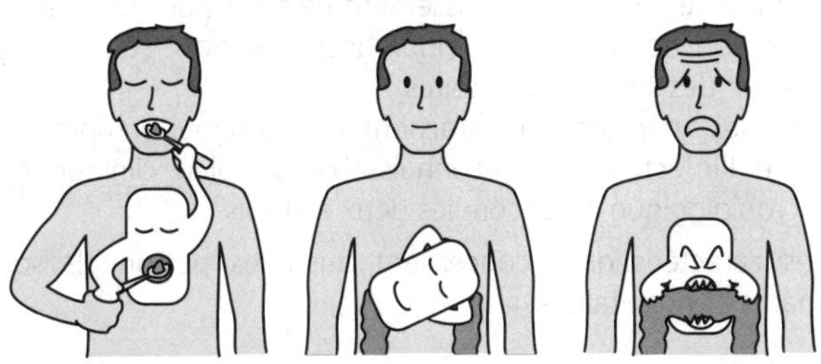

SAPROPHYTISME ET PARASITISME

Un germe saprophyte peut devenir pathogène ; un même germe peut être saprophyte ou parasite selon les circonstances :

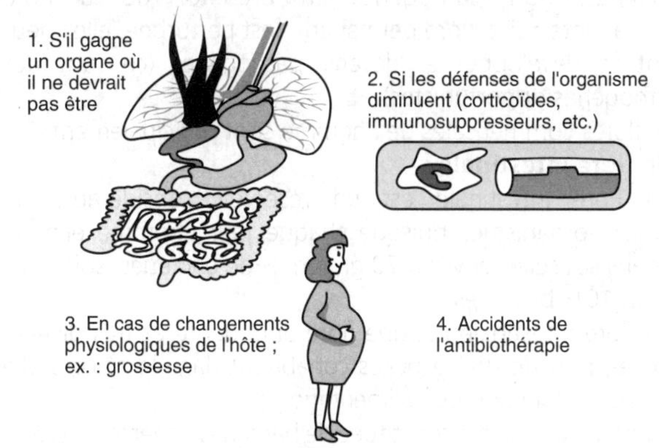

Des germes pathogènes peuvent être hébergés par un individu sans provoquer de troubles chez lui ; c'est le "porteur sain".

BIOCONTAMINATIONS

Origine des biocontaminations

Les micro-organismes, présents partout, sur les objets, les aliments, dans l'air, dans le sol, sur la peau, etc., peuvent être à l'origine de biocontaminations.
Les micro-organismes présents peuvent être à l'origine de maladies plus ou moins graves ou d'altérations alimentaires.
Ces micro-organismes appartiennent au groupe des :
- micromycètes : *Aspergillus, Candida albicans* ;
- bactéries : *Salmonella, Staphylococcus aureus, Shigella, Clostridium, Pseudomonas*, etc. ;
- virus : bactériophage, virus de l'hépatite A (*Picornavirus*), etc.

Les biocontaminations peuvent provenir :
- des milieux naturels : sol, air, eau ;
- d'une flore commensale animale ;
- d'une flore commensale humaine.

Flore de l'air

La flore de l'air contient des micro-organismes en transit, puisque l'air ne contient pas d'éléments nutritifs.
Ces micro-organismes proviennent du sol, des eaux, des flores commensales humaines et animales ; ils résistent bien, en général à la dessiccation (bactéries à Gram positif, moisissures)
Les micro-organismes de l'air sont, pour la plupart, fixés sur les poussières qui les transportent.
Dans un endroit confiné, les micro-organismes se déposent sur diverses surfaces et milieux qu'ils vont pouvoir coloniser et contaminer. En effet, ce sont les mouvements de l'air, donc des poussières, qui dispersent les micro-organismes et les empêchent de se déposer et de se multiplier. D'où la nécessité d'aérer les lieux d'habitation.

Flores humaines commensales

Les flores humaines commensales sont constituées :

• d'une **flore de base** ou **résidente**, permanente et de constitution stable ;
• d'une **flore transitoire**, composée d'un petit nombre de bactéries, non pathogènes en présence de la flore permanente ; si la flore permanente est perturbée, elles peuvent se développer et devenir pathogènes (ce sont des pathogènes opportunistes).

Les flores commensales de l'homme sont principalement :

• **la flore intestinale** :
- la flore intestinale est un réservoir considérable de micro-organismes puisque chaque jour l'homme élimine dans ses selles environ 70 grammes de bactéries, soit environ 10^{12} bactéries ;
- la flore intestinale est une flore abondante et très diversifiée ; plus de 450 espèces cohabitent dans le côlon ; elle varie en fonction de l'alimentation ;
- la flore de base est constituée de bactéries anaérobies (*Clostridium* principalement), de bactéries aérobies dont notamment : les entérobactéries (*Escherichia coli*), les entérocoques et les *Lactobacillus*. La flore résidente représente 99 % de la flore intestinale ;
- la flore transitoire est constituée par des levures, *Pseudomonas aeruginosa*, *Staphylococcus aureus*, etc. ;
- il existe une flore de **contamination fécale** composée essentiellement de bactéries capables de se développer ou de survivre dans le milieu extérieur : entérocoques, entérobactéries, *Clostridium* ; ces bactéries ne représentent pas un danger pour la santé (sauf pour certaines personnes affaiblies), mais leur présence traduit une contamination fécale ;

• **la flore cutanée** :
- les micro-organismes (essentiellement des bactéries à Gram positif) se trouvent à la surface de l'épiderme, sur les couches kératinisées (ils sont disséminés lors de la desquamation) et au niveau des follicules pilo-sébacés (bactéries anaérobies) ;
- *Staphylococcus epidermidis* et *Propionibacterium acnes* constituent la flore de base ;
- la flore transitoire est composée de : corynebactéries, microcoques, levures, moisissures ;
- certaines bactéries ne sont présentes que très occasionnellement ; elles sont potentiellement dangereuses car elles peuvent être à l'origine d'infections opportunistes, notamment dans les hôpitaux ; mais elles peuvent également être à l'origine d'intoxications alimentaires (transmission : main-aliments). Ces bactéries sont : *Staphylococcus aureus*, bacilles à Gram négatif, entérobactéries d'origine fécale : salmonelle, shigelle, etc. ;
- le port de gant permet de réduire la contamination par la flore cutanée ;

• **la flore oropharyngée** :
- la flore oropharyngée est, comme la flore intestinale, très abondante et diversifiée ;
- au niveau de la bouche, ce sont surtout des streptocoques qui sont présents ;
- au niveau du pharynx, on trouve des *Neisseria* ;
- sur les dents sont surtout présents des *Haemophilus*, des streptocoques, des *Lactobacillus* et de nombreuses espèces anaérobies ;
- dans les fosses nasales, on rencontre des staphylocoques et des microcoques ;

• **la flore vaginale** : on observe une prédominance des bacilles à Gram positif avec pour :
- flore de base : bacille de Doderlein (*Lactobacillus*) et des bactéries anaérobies de la flore de Veillon ;
- flore transitoire : des entérobactéries et des *Clostridium*.

Conclusion

Les flores commensales humaines, animales, végétales, les malades et porteurs sains, le sol sont des réservoirs de micro-organismes qui pourront être transmis par contact direct, par l'air, par l'eau.

Ces micro-organismes peuvent être :
• pathogènes ;
• opportunistes et dangereux pour les personnes affaiblies ;
• à l'origine d'altérations alimentaires même s'ils sont saprophytes.

Biocontaminations dans les zones à risques

Les zones à risques sont principalement **l'hôpital** et **l'industrie agroalimentaire.**

L'hôpital

Les zones à risques au niveau de l'hôpital sont principalement :
• les lieux où se trouvent des malades immunodéprimés, atteints de cancer ; ces lieux sont classés : *zones à hauts risques* ;
• les lieux où se trouvent des malades quasiment sans défenses immunitaires, comme les greffés, les immunodéficients, les prématurés, les grands brûlés ; ces lieux sont classés : *zones à très hauts risques*.

L'infection hospitalière ou nosocomiale

La recrudescence des infections hospitalières fut telle qu'à partir de 1975, le problème de l'hygiène fut considéré comme une priorité à l'hôpital. Des comités de lutte contre les infections nosocomiales furent mis en place, des hygiénistes firent leur apparition au sein de l'hôpital, l'hygiène fut enseignée au personnel soignant.

Définition

La définition officielle de **l'infection nosocomiale** est donnée dans la circulaire du 13 octobre 1988 : « On entend par infection nosocomiale :
• toute maladie provoquée par des micro-organismes ;
• contractée dans un établissement de soins par tout patient après son admission, soit pour hospitalisation, soit pour y recevoir des soins ambulatoires ;
• que les symptômes apparaissent lors du séjour ou après ;
• que l'infection soit reconnaissable au plan clinique ou microbiologique ou encore les deux à la fois.

Ces caractéristiques concernent aussi les personnels soignants et hospitaliers. »

Épidémiologie des infections nosocomiales

Les infections nosocomiales sont la conséquence de plusieurs facteurs :

• des **sujets réceptifs** :
- certains malades hospitalisés résistent mal aux micro-organismes pathogènes et opportunistes, car ils sont immunodéficients (altération de leur système de défense contre l'infection). Sont dans ce cas les malades atteints du sida, les malades ayant subit une greffe et qui de ce fait sont sous immunosuppresseurs pour éviter le rejet de la greffe, les cancéreux sous traitement antimitotique, les grands brûlés (la barrière cutanée, largement détruite ne s'oppose plus à la pénétration des micro-organismes dans le corps) ;
- certains malades présentent de nombreuses portes d'entrées pour les micro-organismes : sondes urinaires à demeure, cathéters, différents dispositifs médicaux tels que appareil à dialyse, endoscopes, etc. ;

• une **antibiothérapie** préventive qui sélectionne des micro-organismes résistants. Cette résistance pourra être transmise d'espèce à espèce par les plasmides de résistance ; ce phénomène est à l'origine d'une véritable « épidémie de résistance » ; de plus, les antibiotiques, en détruisant certaines souches bactériennes résidentes, permettent le développement d'espèces opportunistes qui deviennent alors pathogènes de par leur nombre (leur développement n'est plus limité par la présence des bactéries résidentes) ;

• des **micro-organismes** présents en permanence puisque de nombreuses infections nosocomiales sont dues à des micro-organismes appartenant aux flores commensales du malade. Néanmoins, certaines bactéries peuvent être apportées par l'air (poussière) et l'eau (*Pseudomonas, Legionella, Acinetobactérium*) ;

• la **nature des soins** :
- transmission par contact avec le personnel soignant (les bactéries de la flore cutanée du soignant peuvent contaminer un malade fragilisé) ;
- transmission par le matériel médical ;
- transmission par le linge et la literie.

Principales infections nosocomiales

L'incidence des infections nosocomiales est plus importante dans certains services à très haut risque infectieux : réanimation médicale et réanimation chirurgicale.
Les infections les plus fréquentes sont :
• broncho-pneumonies ;
• plaies chirurgicales ;
• lésions de l'appareil urinaire ;
• septicémie.

Les principaux germes en cause sont :
• les staphylocoques : *Staphylococcus aureus* ;
• les entérobactéries : *Escherichia coli, Klebsiella, Enterobacter, Proteus*, etc. ;
• les *Pseudomonas* : *Pseudomonas aeruginosa* ;
• le *Candida albicans*.

L'industrie agroalimentaire

Les biocontaminations agroalimentaires peuvent :
• être apportées par les matières premières contaminées par des micro-organismes venant du sol, de l'eau, des flores commensales humaines et animales ;
• apparaître lors des manipulations : préparation, transformation, conditionnement, ce qui peut poser des problèmes au niveau des plats cuisinés préparés à l'avance.

Les biocontaminations agroalimentaires peuvent être à l'origine de :
• l'altération des aliments : destruction des constituants alimentaires par action des enzymes bactériennes ;
• les toxi-infections : prolifération de micro-organismes pathogènes (staphylocoques, *Clostridium perfringens* et *Clostridium botulinum, Salmonella, Shigella, Yersinia*, etc.) ;
• l'intoxication histaminique : certaines bactéries, grâce à leurs enzymes, permettent la libération de quantités importantes d'histamine à partir de certains aliments, notamment ceux riches en histidine [1].

2 POUVOIR PATHOGÈNE DES BACTÉRIES

Le **pouvoir pathogène** ou **pathogénicité** d'une bactérie est la possibilité qu'elle a de provoquer une maladie ; la maladie étant une perturbation physiologique plus ou moins grave. Ce pouvoir dépend notamment de la production de toxine, du pouvoir de pénétration, d'adhésion, de multiplication et de lésion dans l'organisme.

I LES FACTEURS DU POUVOIR PATHOGÈNE

Le pouvoir pathogène d'une bactérie est déterminé par trois éléments principaux :
• le pouvoir invasif de la bactérie (PI) ;
• le pouvoir toxique de la bactérie (PT) ;
• la résistance de l'organisme à la bactérie (PR).

Le pouvoir pathogène (PP) peut être défini comme le rapport entre la virulence et les résistances opposées par l'organisme (R).
La **virulence** peut se définir comme la mesure quantitative de la pathogénicité ; elle est liée à la prolifération des bactéries, pouvoir invasif (PI) et à la libération de substances toxiques, pouvoir toxique (PT).

$$PP = \frac{PI + PT}{R}$$

Pouvoir invasif

Le pouvoir invasif d'une bactérie est sa capacité à envahir et proliférer rapidement dans les tissus de l'organisme hôte et

(1) L'histidine est un acide aminé précurseur de l'histamine.

d'y provoquer des troubles physiologiques plus ou moins graves.
Ainsi, les effets néfastes de *Yersinia pestis*, agent de la peste [1], sont dus à son aptitude à proliférer en colonisant des surfaces favorables à son développement telles que la peau ou les membranes du système respiratoire, gastro-intestinal ou génital des animaux à sang chaud. Cette prolifération est à l'origine des signes cliniques de la maladie.
La première étape du déclenchement du pouvoir invasif est l'**adhésion** de la bactérie aux surfaces épithéliales, grâce aux pili. Les pili se transforment en une sorte de ventouse qui permettent l'adhésion de la bactérie à la cellule hôte. Réalisent cette adhésion *Salmonella, Shigella, Escherichia coli, Neisseria meningitidis*, etc.
Les bactéries invasives sécrètent aussi des **enzymes** qui hydrolysent, donc détruisent, les macromolécules des cellules hôtes. Les hyaluronidases et collagénases détruisent le tissu conjonctif, les protéases détruisent les protéines, etc.
Certaines bactéries invasives présentent également une structure **anti-phagocytaire** qui leur permet de résister à la phagocytose [2]. Cette propriété anti-phagocytaire est due à :
• la capsule (*Streptococcus pneumoniae*) ;
• certaines protéines de la paroi pour les bactéries non capsulées (staphylocoques, certains streptocoques) ;
• la sécrétion de substances détruisant les phagocytes.

Pouvoir toxique

De nombreuses bactéries fabriquent des substances capables de détruire d'autres organismes vivants, y compris l'homme. Parmi ces substances, on rencontre bien sûr, les **toxines**.
On a l'habitude de classer les toxines en deux groupes : les **endotoxines** et les **toxines protéiques** (exotoxines). *Voir tableau page suivante.*

Rôle du terrain

Les facteurs qui conditionnent le pouvoir pathogène d'une bactérie sont multiples. Les uns sont liés à la bactérie elle-même, virulence, mais d'autres sont liés à la **réaction de défense**, ou la **résistance**, de l'organisme à l'infection.
Ainsi la multiplication des germes est favorisée par :
• les carences alimentaires ;
• l'existence de pathologie, comme le diabète [3], l'agammaglobulinémie [4], les carences congénitales ou acquises de l'immunité cellulaire ;
• les expositions aux radiations, qui diminuent les défenses immunitaires ;
• les immunosuppresseurs, les corticoïdes, les antimitotiques, etc.

(1) De toutes les maladies infectieuses que les bactéries sont capables de provoquer, la peste est probablement la plus célèbre. Elle a ruiné Athènes en 429 av. J.-C. et ravagé l'Europe au XIVe siècle (elle tue près d'un tiers de la population), Londres en 1664-1665 (elle tue plus de 20 % de la population), Marseille de 1720 à 1722 (plus de 40 000 morts).
(2) La phagocytose consiste en la capture et l'ingestion par une cellule de particules solides inertes ou vivantes (comme les bactéries) du milieu ambiant.
(3) Le diabète « sucré » est une affection chronique, caractérisée par une insuffisance relative ou absolue de la sécrétion d'insuline par le pancréas ; une des conséquences en est l'hyperglycémie.
(4) Absence de gammaglobulines sériques ; les gammaglobulines sont des anticorps participant à la défense de l'organisme.

Il en résulte qu'un sujet peut parfaitement supporter une bactérie pathogène, mais qu'il peut la transmettre à un autre sujet, qui lui, fera une infection grave, voire mortelle (notion de « porteur sain »).
L'infection est le résultat de l'agression de l'organisme par un agent vivant « pathogène » ; la maladie infectieuse apparaît quand la virulence du micro-organisme dépasse les moyens de défense de l'individu.

Bactéries à pouvoir pathogène spécifique et bactéries opportunistes

Dans l'extrême diversité du monde microbien, certaines espèces sont des pathogènes authentiques : les bactéries pathogènes spécifiques (BPS) ; d'autres espèces sont des bactéries opportunistes (BPO).

Bactéries pathogènes spécifiques

Le risque de maladie infectieuse, chez l'individu exposé à ces bactéries, est très élevé, même si l'individu présente des fonctions immunitaires intactes. De telles bactéries sont encore appelées **pathogènes strictes** ; elles sont hautement virulentes.
Appartiennent à cette catégorie :
• les bactéries ayant un pouvoir invasif fort et un pouvoir toxique fort, comme le *Clostridium perfringens* (gangrène gazeuse), *Salmonella typhi* (typhoïde) ;
• les bactéries ayant un pouvoir invasif fort et un pouvoir toxique faible, comme *Brucella* (brucellose), *Mycobacterium tuberculosis* (bacille de Koch, tuberculose), *Salmonella, Staphylococcus aureus* ;
• les bactéries ayant un pouvoir invasif faible, mais un pouvoir toxique fort, comme *Corynebacterium diphteriae* (dyphtérie), *Clostridium tetani, Clostridium botulinum*.

Bactéries opportunistes

Les **bactéries opportunistes** sont des bactéries commensales qui ne développent un pouvoir pathogène que dans certaines circonstances :
• **sujets immunodéprimés** : prématurés, sujets âgés, patients infectés par des virus immunosuppresseurs, patients subissant des traitements leucotoxiques (traitement de cancers, de transplantations de tissus), grands brûlés, etc. Chez de tels individus, le rôle « pathogène » des bactéries apparaît comme secondaire, dans le déclenchement de la maladie infectieuse par rapport au déficit des facteurs déterminants de la résistance immunitaire de l'hôte ;
• **rupture de l'équilibre biologique** au sein de la population bactérienne qui entraîne la prolifération d'une espèce bactérienne qui devient alors pathogène. La rupture de l'équilibre peut être provoquée par :
– un traitement antibiotique détruisant l'équilibre de la flore bactérienne préexistante (staphylococcies et streptococcies cutanées, entérites diverses) ;
– une modification de l'intégrité de la surface d'un épithélium (surinfection des plaies ou de brûlures par des staphylocoques, des *Pseudomonas*, etc.).

	Endotoxine	Toxine protéique
Nature chimique	Glucido-lipido-protéique	Protéine soluble. Trois types de protéines : – les *cytotoxines* attaquent directement les cellules infectées – les *neurotoxines* bloquent la transmission de l'influx nerveux d'où des contractures musculaires pouvant entraîner des paralysies – les *entérotoxines* stimulent de façon anormale les cellules du système gastro-intestinal
Mode de libération par la bactérie	Elle n'est libérée que lors de la lyse de la bactérie ; elle se trouve dans la paroi de la bactérie. Le traitement, en détruisant la bactérie risque de provoquer un choc septique (1)	Elle est libérée lors de la phase de croissance de la bactérie Elle diffuse dans l'organisme à partir d'un foyer bactérien localisé
Nature du pouvoir toxique	Pouvoir toxique plus faible (que toxine protéique). Les endotoxines, quelle que soit la bactérie qui la fabrique, produit trois effets : – leucopéniant : diminution de 60 % des leucocytes – pyrogène (2) – toxique : inflammation, hypotension, diarrhée qui peut être accompagnée d'hémorragies intestinales	Le pouvoir toxique est très élevé ; elle agit à très faible dose (3) Les maladies produites sont souvent mortelles Les manifestations cliniques sont spécifiques de la toxine
Sensibilité à la chaleur	Non	Oui, comme toutes les protéines
Pouvoir antigénique (4)	Faible, donc la fabrication de vaccin est difficile	Fort, donc la fabrication de vaccin est possible
Exemples	Toxines produites par – *Salmonella typhi* et *paratyphi* (fièvre typhoïde) – *Yersinia pestis* (peste pulmonaire) – typhique (typhus) – *Shigella dysenteria* (dysenterie) – Escherichia coli – *Legionella pneumophila* – Mycobacterium tuberculosis	Toxine – tétanique (*Clostridium tetani*) – botulinique (*Clostridum botulinum*) – diphtérique (*Corynebacterium diphteriae)* – staphylococcique (*Staphylococcus aureus*) – *Clostridium perfringens*

(1) Le choc septique ou choc infectieux, est l'insuffisance circulatoire aiguë qui complique l'évolution d'une infection bactérienne.
(2) Qui provoque la fièvre.
(3) 1 mg de toxine botulique peut tuer 32 milliards de souris !
(4) Le pouvoir antigénique est la capacité d'une substance à induire la fabrication d'anticorps spécifique de cette substance ; les anticorps neutralisent la substance.

À noter que les infections à bactéries opportunistes, qui représentent 95 % de la pathologie bactérienne, sont particulièrement redoutées en milieu hospitalier (infections nosocomiales).

RÉSISTANCE DE L'ORGANISME À L'INFECTION

La résistance de l'organisme à l'infection étant étudiée dans la partie « Immunologie », nous ne ferons que citer les différents éléments de cette résistance.

Face à l'agression microbienne, l'organisme se défend spontanément grâce à des moyens **spécifiques** et **non spécifiques**.

Moyens de défense non spécifiques

Ils ne sont pas spécifiques dans la mesure où ils sont mis en œuvre quel que soit le micro-organisme.

Ils représentent **l'immunité naturelle**.

Ces différents moyens sont :

- la peau ;
- les muqueuses, le tissu conjonctif ;
- les sécrétions diverses comme le mucus, les enzymes telles les lysozymes contenus dans les larmes, la salive, etc. ;
- la phagocytose : les phagocytes « absorbent » le micro-organisme pour le détruire ;
- la réaction inflammatoire ;
- la fièvre : une température supérieure à 38 °C peut freiner le développement des micro-organismes.

Moyens de défense spécifiques

Ils sont spécifiques dans la mesure où ils sont dirigés contre un micro-organisme donné.

La défense spécifique constitue l'immunité acquise : un contact préalable micro-organisme - organisme est nécessaire pour que l'immunité spécifique apparaisse.

L'immunité spécifique est caractérisée par :

- l'immunité à médiation humorale, avec les anticorps ;
- l'immunité à médiation cellulaire avec les lymphocytes T cytotoxiques.

3 SUJETS DE REFLEXION

1) Comparer saprophytisme et commensalisme

2) Comparer Commensalisme et symbiose

3) Dans les yaourts, *Lactobacillus bulgaricus* et *Streptococcus thermophilus* réalisent une symbiose ; expliquer

4) La virulence d'une bactérie, son pouvoir invasif sont dus à certaines propriétés, certaines caractéristiques structurales ; en citer 2

5) Citer 3 paramètres du pouvoir pathogène d'une bactérie

6) Définir une toxine en pathologie infectieuse

7) Citer 3 toxines importantes en pathologie infectieuse et indiquer la pathologie qu'elle provoque

8) Les flores humaines sont composées de 2 types de flore ; les citer et indiquer celle qui peut devenir pathogène

9) Indiquer la différence entre une bactérie pathogène spécifique et une bactérie pathogène opportuniste

10) Vrai, faux
   - 10.1 Un germe parasite peut provoquer une infection chez l'hôte
   - 10.2 Un germe symbiotique peut provoquer une infection chez l'hôte
   - 10.3 La flore est l'ensemble des micro-organismes vivant dans un milieu donné
   - 10.4 Un micro-organisme de la flore endogène peut être pathogène pour l'individu
   - 10.5 Le pouvoir invasif est la capacité d'une bactérie à proliférer à l'intérieur des tissus de son hôte

11) Citer 5 voies d'entrée pour les micro-organismes chez l'homme ; donner pour chacune un exemple de micro-organisme

12) Les enfants très dépendants du personnel (alimentation, change, etc.) sont particulièrement exposés aux risques d'infection nosocomiale ; définir l'infection nosocomiale

LEXIQUE

Aérobie : un organisme aérobie a besoin d'oxygène pour vivre.

Aéro-anaérobie : un organisme aéro-anaérobie s'adapte au milieu dans lequel il est et peut se développer en présence ou en l'absence d'oxygène.

Algue unicellulaire : protiste supérieur constitué d'une cellule eucaryote possédant des chloroplastes, donc capable de photosynthèse.

Anaérobie : un organisme anaérobie se développe en l'absence d'oxygène qui lui est toxique.

Antibiose : phénomène par lequel la prolifération d'une espèce microbienne est mise en échec par une substance sécrétée par une autre espèce microbienne.

Antibiotique : substance chimique, élaborée par un organisme vivant ou produit par synthèse, capable de détruire ou d'inhiber le développement d'une bactérie.

Antisepsie : opération au résultat momentané, permettant de détruire les micro-organismes sur un tissu vivant.

Asepsie : mesure préventive pour empêcher tout apport exogène de micro-organismes.

Autotrophie : une bactérie autotrophe utilise le dioxyde de carbone pour la synthèse de ses molécules carbonées.

Bacille : bactérie en forme de bâtonnet.

Bacillus : bacille à gram + ; *Bacillus anthracis* est l'agent de l'anthrax (fièvre charbonneuse) pouvant être redoutable pour l'homme.

Bactérie (ou monère) : organisme procaryote dont la taille est de l'ordre du micromètre, responsable de nombreuses infections et sensible aux antibiotiques.

Cellule fongique : élément de base des champignons ; c'est une cellule eucaryote possédant une paroi.

Cellule eucaryote : elle possède un « vrai » noyau, délimité par une membrane, renfermant 2n chromosomes (cellule diploïde) et des nucléoles.

Cellule procaryote : son chromosome est diffus dans le cytoplasme, elle ne possède donc pas de « vrai » noyau ; elle contient peu d'organites ; elle est haploïde.

Chimiotrophie : une bactérie chimiotrophe utilise les substances chimiques (organiques ou inorganiques) pour obtenir l'énergie nécessaire à son fonctionnement.

Clostridium : bacilles anaérobies, à gram +, sporulés ; 3 espèces sont particulièrement pathogènes : *Clostridium tétani* (tétanos), *Clostridium perfringens* (gangrène), *Clostridium botulinum* (botulisme).

CMB : Concentration Minimale Bactéricide, plus petite concentration permettant de détruire les bactéries (effet bactéricide).

CMI : Concentration Minimale Inhibitrice, plus petite concentration permettant d'empêcher le développement des bactéries (effet bactériostatique).

Colonie : une colonie est un ensemble de micro-organismes issu d'un seul micro-organisme ; elle est visible à l'œil nu. Chaque colonie correspond à un clone.

Commensal : un micro-organisme commensal tire profit de l'association mais il ne nuit pas à son hôte.

Coque : bactérie de forme ronde.

Désinfection : opération, au résultat momentané, permettant de détruire les micro-organismes sur un milieu inerte.

Entérobactéries : bacilles, à gram –, aéro-anaérobie, comprenant les espèces *Escherichia coli*, *Klebsiella pneumonae*, *Salmonella*, etc.

Facteur de croissance : substance, que les bactéries auxotrophes ne savent pas fabriquer et qui est indispensable à leur croissance.

Fermentation : réaction biochimique se réalisant en l'absence d'oxygène, grâce à un micro-organisme.

Gram : coloration, basée sur la différence de structure de la paroi, qui permet de classer la plupart des bactéries en Gram + de couleur violette et Gram – de couleur rose.

Hétérotrophie : une bactérie hétérotrophe synthétise ses molécules carbonées à partir de substances organiques provenant d'animaux morts, de végétaux, d'aliments, etc.

Hyphe : petit filament blanchâtre issu de la germination de la spore à l'origine de tout champignon ou mycète.

Levure : champignon unicellulaire de forme ovoïde ; *Candida albicans* est une levure.

Listeria : bacille, à gram + ; une espèce est particulièrement dangereuse *Listeria mocytogenes* responsable de la listériose.

Mésophile : température optimale entre 20 et 40 °C.

Micro-aérophile : une bactérie micro-aérophile a besoin d'oxygène, mais en quantité faible (inférieure à celle de l'atmosphère).

Milieu de culture : préparation au sein de laquelle des micro-organismes peuvent se développer.

Monères : bactéries ou protistes inférieurs.

Moisissure : champignon d'aspect filamenteux ou poudreux.

Mycélium : champignon constitué d'hyphes.

Neisseria : bactérie en forme de coque, Gram –, groupée par 2 (« grains de café »), 2 espèces pathogènes : *gonorrhooeae* ou gonocoque (blennorragie), *meningitidis* ou méningocoque (méningite).

Nosocomiale : l'infection nosocomiale est une maladie causée par des micro-organismes ; elle est contractée dans un établissement de soins par tout patient après son admission ou par le personnel lors de ses activités professionnelles.

Oncogène : un virus oncogène entraîne une modification génétique définitive de la cellule parasitée qui devient une cellule cancéreuse.

Opportuniste : une bactérie opportuniste est une bactérie commensale qui ne devient pathogène que dans certaines circonstances (baisse du système immunitaire par exemple).

Parasite : le parasite nuit à l'hôte qui l'héberge.

Phototrophe : une bactérie phototrophe transforme l'énergie lumineuse en énergie chimique.
Plasmide : constitué d'ADN, il représente le matériel génétique extra-chromosomique ; il joue un rôle important dans la résistance des bactéries aux antibiotiques.
Pneumocoque : bactérie en forme de coque, Gram +, groupée par 2.
Pouvoir invasif : capacité de certaines bactéries à proliférer à l'intérieur des tissus de leur hôte.
Pouvoir pathogène : ou pathogénicité ; c'est la capacité de créer une maladie.
Prion : agent infectieux protéique responsable chez l'homme de la maladie de Creutzfeldt-Jakob (encéphalopathie spongiforme) et de la variante humaine de l'ESB (encéphalite spongiforme bovine).
Prototrophe : une bactérie prototrophe peut synthétiser tous les éléments dont elle a besoin (elle n'a pas besoin de facteurs de croissance).
Protozoaire : protiste supérieur constitué d'une cellule eucaryote, sans paroi ; le plus souvent mobile.
Pseudomonas : bacille à gram – ; *Pseudomonas aeruginosa* est le bacille pyocyanique responsable d'infection hospitalière grave.
Psychrophile : se multiplie aux environs de 0 °C ; bactérie du froid.
Psychrotrophe : température optimale inférieure à 20 °C.
Rétrovirus : virus à ARN, possédant une transcriptase inverse ; le VIH (SIDA) est un rétrovirus.
Saprophyte : micro-organisme puisant ses nutriments dans la matière organique inerte (non vivante).
Sporulation : propriété que possèdent certaines bactéries de se transformer en spore (organe de résistance) quand les conditions environnementales deviennent défavorables.
Staphylocoques : bactéries en forme de coque, Gram +, groupées en amas, 2 espèces principales *epidermidis* et *aureus* (la plus pathogène).
Stérilisation : opération, au résultat durable, permettant de détruire les micro-organismes d'un milieu inerte.
Streptocoques : bactéries en forme de coque, Gram +, groupées en chaînette.
Symbiose : association bénéficiant aux deux partenaires.
Taux de croissance d'une population bactérienne : nombre de division en un temps donné ; il est le plus souvent exprimé pour une heure.
Taxinomie : classification des êtres vivants.
Temps de génération d'une population bactérienne : temps nécessaire au doublement de la population ou temps que met une bactérie pour se diviser.
Temps de réduction décimale : temps nécessaire pour détruire 90 % d'une population bactérienne.
Thermophile : température optimale supérieure à 40 °C.
Toxine : substance toxique produite par une bactérie.
Vibrion : bactérie à gram –, en forme de virgule ; *Vibrio cholerae* responsable du choléra est un vibrion.
Virulence : mesure quantitative du pouvoir pathogène.
Virus : micro-organisme, à la limite du monde vivant, ne possédant qu'un seul acide nucléique et parasite obligatoire d'un autre être vivant.

BIBLIOGRAPHIE

Encyclopédie, Club-Internet.

Lycos.fr.virologie.

Encyclopédie Microsoft Encarta.

Généralités mycologiques et généralités sur les mycoses, salpetios.free.fr

D. Chabasse, D. Gueguen, N. Contet-audonneau, *Mycologie médicale*, Masson, Paris.

Encyclopædia Universalis.

N. Marchal, *Initiation à la microbiologie*, Dunod, Paris, 1992.

S. Morançais et N. Tavoukdjian, *Le monde microbien*, Techni plus, 2001.

G. Leyral, J. Figarella, M. Terret, *Microbiologie* (tome 1 : microbiologie générale et tome 2 : microbiologie appliquée), Jacques Lanore, 1994.

J.P. Auffray, *Le monde des bactéries*, Le Pommier, 2000.

IMMUNOLOGIE

INTRODUCTION

L'immunologie est la science qui étudie **les mécanismes de défense de l'organisme contre toute agression extérieure**. Le corps possède un ensemble de défenses constituées d'organes et de cellules, dont la fonction est de neutraliser ou de détruire tout corps étranger microscopique appelé « antigène ». Ces organes et ces cellules, répartis dans tout l'organisme, forment le système immunitaire et expriment notre immunité.

L'immunité est définie comme l'ensemble des mécanismes biologiques permettant à un organisme :

- de reconnaître et de tolérer ce qui lui appartient, le Soi ;
- de reconnaître et d'éliminer ce qui lui est étranger, le Non-Soi. Le Non-Soi est constitué d'une part des substances étrangères ou des agents infectieux (bactéries, virus, parasites) auxquels il est exposé, mais aussi de ses propres constituants altérés, cellules mutantes cancéreuses par exemple.

L'immunité met en jeu deux processus :

- **l'immunité « non spécifique »** ou naturelle, qui fait intervenir les cellules de la phagocytose et constitue la première ligne de défense ;
- **l'immunité « spécifique »**, qui se développe en quelques jours et qui est caractérisée par la reconnaissance **spécifique** de l'antigène et par la **mémoire** immunologique de la rencontre avec cette substance étrangère.

SOI ET NON-SOI. IDENTITÉ BIOLOGIQUE

1 PRINCIPE DE BASE DU SYSTÈME IMMUNITAIRE

Le système immunitaire fonctionne selon **la loi « du Soi et du Non-Soi »**, c'est-à-dire qu'il accepte tout ce qui appartient à l'organisme qu'il défend (son identité biologique) et qu'il détruit tout ce qui lui est étranger.

L'identité biologique d'un individu est déterminée par la présence sur toutes ses cellules de macromolécules qui lui sont propres et qui sont « l'expression » de son génome (voir cours de biologie), par transcription puis traduction. Ces molécules, appelées « **marqueurs antigéniques du soi** », sont contrôlées par nos gènes et transmis de manière héréditaire selon les lois de la génétique. Elles se situent à la surface de nos cellules.

Chez l'homme, ces marqueurs du Soi sont différents sur les cellules nucléées et sur les hématies (cellules sans noyau). Sur les cellules nucléées, on trouve les marqueurs du système CMH (complexe majeur d'histocompatibilité, encore appelé système HLA), et sur les hématies, les marqueurs des systèmes ABO et Rhésus (groupes sanguins).

L'ensemble des marqueurs du Soi constitue la carte d'identité biologique, spécifique d'un individu donné au sein d'une espèce donnée.

2 MARQUEURS DU SOI CHEZ L'HOMME

SYSTÈME CMH OU HLA : ANTIGÈNES D'HISTOCOMPATIBILITÉ

Toute cellule possède à sa surface un ensemble de **protéines membranaires** ; le système CMH ou HLA représente une famille de protéines membranaires qui ont d'abord été reconnues sur les leucocytes, d'où le nom de système HLA, *human leucocytes antigens*. Ce terme est toujours utilisé, mais on lui préfère actuellement celui de CMH, complexe majeur d'histocompatibilité, qui annonce les incompatibilités tissulaires survenant entre les individus lors d'une greffe.

Propriétés des gènes du système CMH

Les gènes codant pour les molécules du système CMH sont regroupés sur les chromosomes n° 6 en 6 locus (emplacements) principaux (A, B, C, DP, DR et DQ) comportant chacun un grand nombre d'allèles (gènes exerçant la même fonction mais de manière différente).

ORGANISATION ET DIVERSITÉ GÉNÉTIQUE DES MARQUEURS DU SOI

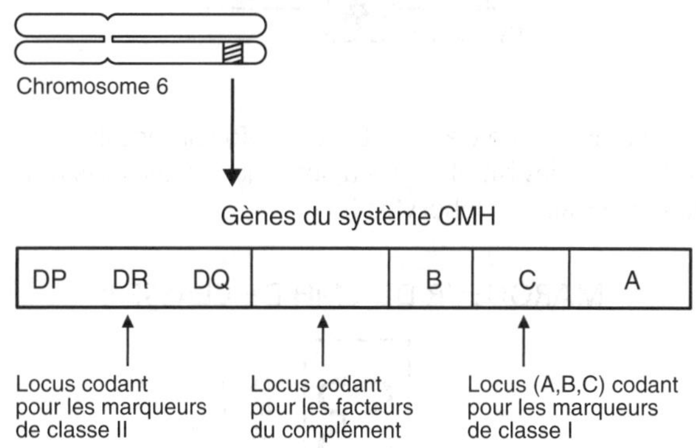

Chaque gène s'exprime sous la forme d'une protéine membranaire, les gènes sont codominants, et ils sont polymorphes, c'est-à-dire qu'il existe un très grand nombre d'allèles pour chacun de ces gènes.

Les gènes s'expriment sous la forme d'une protéine membranaire, ils sont codominants ; et ils sont polymorphes, c'est-à-dire qu'il existe un très grand nombre d'allèles pour chacun de ces gènes. Les gènes portent le nom du locus qu'ils occupent (A, B, C ou D) et les molécules qu'ils codent sont notées A1, A2, B7..., le chiffre correspondant à un allèle, donc à une structure spécifique. Pour chacun des 6 gènes considérés, chaque individu hérite de deux allèles, l'un transmis par son père, et l'autre par sa mère. Ainsi, il possède, sur sa paire de chromosomes n° 6, une combinaison **quasiment unique** des allèles codant pour le CMH dans l'espèce humaine.

Il existe plusieurs milliards de combinaisons possibles dans le système CMH.

La combinaison des protéines codées par les **gènes CMH** est caractéristique de chaque individu ; elle forme **la carte d'identité immunologique** de la personne.
Exemple de carte immunologique :

$$\frac{\text{A23, B18, DR2}}{\text{A30, B8, DR6}}$$

(On néglige le plus souvent les protéines C qui sont moins immunogènes.)

Molécules du système CMH, *appelées* Marqueurs

Les molécules ou antigènes du système CMH sont des glycoprotéines. Elles sont enchâssées dans la membrane cellulaire et font saillie à l'extérieur de la cellule.
On les regroupe en deux classes :
- les marqueurs de classe I (A, B, C) se trouvent sur toutes les cellules nucléées de l'organisme ;

MARQUEUR DU CMH DE CLASSE I

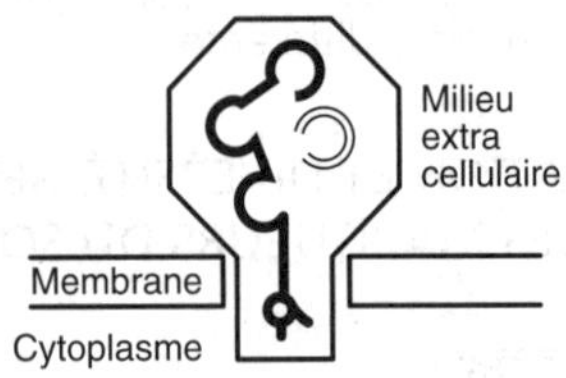

- les marqueurs de classe II (DP, DQ, DR) sont localisées uniquement sur les lymphocytes B, les macrophages, les monocytes et certains lymphocytes T.

MARQUEUR DU CMH DE CLASSE II

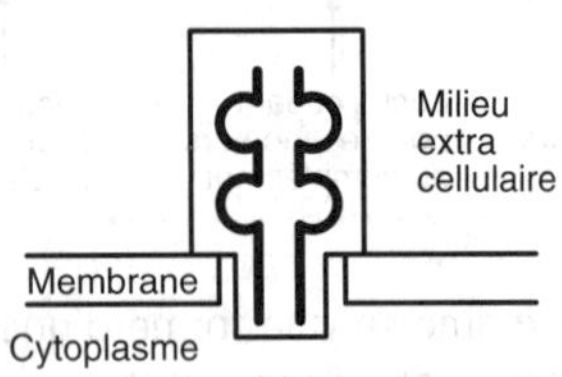

Fonctions des molécules CMH

Chaque cellule expose en permanence, sur sa membrane, son contenu grâce à ses molécules CMH qui s'associent à des fragments de protéines de la cellule : ainsi, il y a exposition du Soi grâce à la formation de complexes molécules CMH - peptides du Soi. Cela forme **le Soi immunologique**. **Le système immunitaire ne déclenche aucune réaction contre ce Soi.**
Les molécules du CMH permettent **la reconnaissance de l'antigène** par les lymphocytes T : ce sont principalement les molécules CMH de classe I qui vont se lier à un peptide étranger (par exemple : peptide viral ou bactérien) et c'est l'ensemble molécule CMH de classe I - peptide étranger qui sera reconnu comme du non-soi par les lymphocytes T4 de l'organisme.

Les molécules du CMH, définissant (avec les marqueurs ABO et Rhésus) l'identité biologique d'un individu, jouent un **rôle primordial dans les transplantations d'organes et les greffes de tissus.** On veillera à la compatibilité la plus proche entre le donneur et le receveur pour éviter que le greffon ne soit rejeté par le système immunitaire du receveur.

SYSTÈME ABO : ANTIGÈNES DES GROUPES SANGUINS

Groupes sanguins

Il existe quatre groupes sanguins différents chez l'homme, les groupes A, B, AB, O, qui sont définis par **la présence sur les hématies de marqueurs différents**.
Chaque groupe sanguin est caractérisé :
- par la présence ou l'absence, **à la surface des hématies, d'un ou de deux marqueurs, les antigènes A, B et H ;**
- par la présence ou l'absence **dans le plasma d'anticorps** (anticorps anti-A, anticorps anti-B) appelés également agglutinines et apparaissant dans les 3 à 6 premiers mois de vie.

Pour un individu donné, les anticorps qu'il possède sont dirigés contre les antigènes qui ne sont pas présents à la surface de ses hématies. **Les anticorps du système ABO sont dits naturels** parce qu'ils ne nécessitent pas de contact avec l'antigène pour être produits.
Ainsi, par exemple, si le sujet appartient au groupe A, ses hématies présentent des antigènes A et son sérum comporte des anticorps dirigés contre l'antigène B (AC anti-B). On ne peut donc lui transfuser du sang de groupe B (hématies porteuses d'antigènes B), sous peine de voir apparaître une hémolyse (destruction des globules rouges du donneur qui seront agglutinées par le sérum du receveur présentant des AC anti-B) et un choc transfusionnel.

PRINCIPAUX GROUPES SANGUINS
ET LEURS CARACTÉRISTIQUES

Phénotype	Génotype	Antigènes sur les hématies	Anticorps dans le sérum	Fréquence
A	AA ou AO	A	Anti-B	45 %
B	BB ou BO	B	Anti-A	9 %
AB	AB	A et B	Aucun	3 %
O	OO	H	Anti-A et anti-B	43 %

Les règles de transfusion sont :
- groupe O : donneur universel ;
- groupe AB : receveur universel ;
- ne jamais introduire dans un organisme des hématies pouvant être agglutinées par les anticorps du receveur.

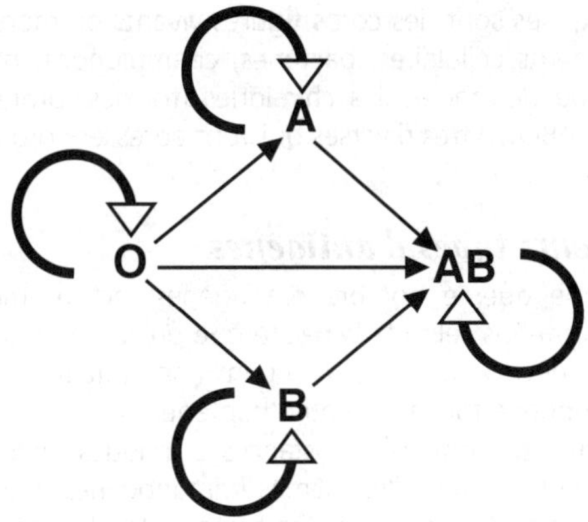

Application des règles de transfusion

Les sujets du **groupe O** ne portent pas d'antigène du système A, B, O sur leurs hématies. Ils sont **donneurs universels** puisque leurs hématies, ne portant aucun antigène, ne pourront pas être agglutinées par le sérum d'un donneur. On peut transfuser leur sang aussi bien aux sujets du groupe O qu'à ceux des groupes A, B et AB. Ils ne peuvent, par contre**, recevoir que du sang du groupe O** car leur sérum contient des anticorps anti-A et anti-B qui agglutineraient les hématies d'un donneur A, B ou AB.
Les sujets du **groupe AB** portant les deux antigènes sur leurs hématies, peuvent recevoir indifféremment du sang de groupe A ou de groupe B. Ils sont dits **receveurs universels**. Ils n'ont ni anticorps anti-A, ni anticorps anti-B dans leur sérum. Par contre, ils ne peuvent donner leur sang qu'aux sujets de groupe AB.

Synthèse des marqueurs du système ABO

Les marqueurs sont constitués d'une **chaîne glucidique branchée sur une protéine** (H), la distinction entre les marqueurs porte sur la chaîne glucidique. Leur synthèse s'effectue à partir d'un gène situé sur le chromosome n° 9, en plusieurs étapes, chacune d'elles étant catalysée par une enzyme spécifique. Seules les deux dernières étapes sont concernées dans la distinction entre les différents marqueurs.
La dernière étape est sous la dépendance d'un gène dont on connaît trois allèles :
- l'allèle A code pour une N-acétyl N-galactosamine transférase (enzyme A) ;
- l'allèle B pour une galactosyltransférase (enzyme B) ;
- l'allèle O code pour une enzyme non fonctionnelle, les sujets du groupe O ne portent que le marqueur H.

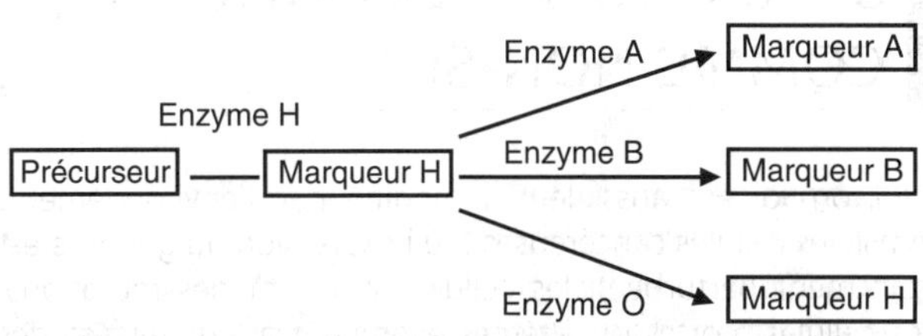

Dernière étape

SYSTÈME RHÉSUS

Le système Rhésus est le second système antigénique attaché aux globules rouges.

Marqueurs du système Rhésus

Il existe 47 molécules antigéniques différentes ou marqueurs Rhésus, de nature protéique. Parmi ses 47, cinq jouent un rôle important en transfusion :
- **l'antigène D, appelé antigène Rhésus standard** : le Rhésus + ou – est toujours donné par rapport à l'antigène D. Par exemple, un sujet du groupe A et porteur de l'antigène D sera A+ ;
- les antigènes C, c, E, e.

Ils sont codés à partir des chromosomes n° 1 et ils existent en grande quantité sur les hématies, et en petit nombre sur les plaquettes, les leucocytes et les cellules de certains tissus.
Les individus Rhésus négatif ne possèdent pas d'anticorps anti-Rhésus, mais ils en fabriquent lorsqu'ils sont mis en contact avec des hématies portant l'antigène D ou facteur Rhésus. *Les anticorps du système Rhésus sont* **des anticorps acquis** *activement* de classe Ig G ; il n'existe pas d'anticorps naturels dans le système Rhésus.

PRINCIPALES CARACTÉRISTIQUES DES GROUPES RHÉSUS

Nature du groupe	Antigènes	Anticorps naturels	% dans la race blanche	Génotype
Rhésus +	+	–	85 %	DD ou Dd
Rhésus –	–	–	15 %	dd

Système Rhésus et transfusion

L'antigène D est très immunogène (capable de déclencher une réaction immunitaire), il faudra impérativement respecter la compatibilité Rhésus. Ce sont les sujets O Rh – qui sont donneurs universels. Les hématies du donneur, étant dépourvues d'antigènes A, B et Rh, ne déclencheront pas de réaction immunitaire chez le receveur, quel que soit son groupe.

Incompatibilité Rhésus en cas de grossesse

Lorsqu'une femme de rhésus Rh – porte un enfant de rhésus Rh +, on observe, quelques jours après l'accouchement, la présence, chez la mère, d'anticorps anti-Rhésus. Au cours de l'accouchement, un saignement placentaire libère dans la circulation maternelle des hématies fœtales Rh +, qui donnent lieu, chez la mère, à la formation d'anticorps anti-D (IgG) capables de traverser le placenta lors d'une grossesse ultérieure.
Lorsqu'une seconde grossesse se déroule sans précaution préalable, et si l'enfant est à nouveau de Rhésus +, les anticorps formés par la mère en grande quantité, suite à l'immu-

nisation fœto-maternelle, vont entraîner la destruction massive des hématies fœtales Rh +, c'est la maladie hémolytique du nouveau-né.
Ainsi, toute mère Rh – donnant naissance à un enfant Rh + sera traitée, 72 heures après la naissance, par des immunoglobulines anti-Rh (Ig anti-D) d'origine humaine, qui détruiront les éventuelles hématies fœtales qui pourraient se trouver dans son sang. Ces injections réduisent considérablement le risque de sensibilisation.

MALADIE HÉMOLYTIQUE DU NOUVEAU-NÉ DUE À L'INCOMPATIBILITÉ RHÉSUS

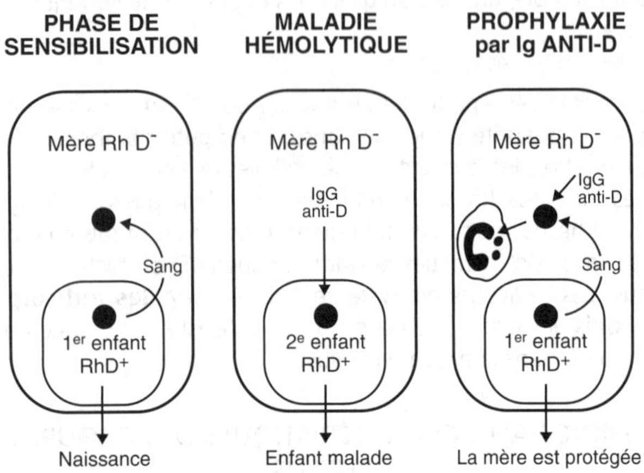

3 NON-SOI, CIBLE DU SYSTÈME IMMUNITAIRE

Le Non-Soi est l'ensemble des molécules différentes du Soi, c'est-à-dire non codées par le génotype d'un individu et entraînant chez celui-ci, lors de leur introduction dans l'organisme, une réaction immunitaire : ce sont les immunogènes ou antigènes.
Un **immunogène** est une substance capable d'induire une réponse immunitaire.

ANTIGÈNE : CARACTÉRISTIQUES

Définition

L'antigène est toute substance qui peut être reconnue par le système immunitaire. Lorsqu'il est introduit dans un organisme qui ne le possédait pas, **un antigène provoque la stimulation des cellules immunocompétentes et la formation d'anticorps spécifiques avec lequel il se combinera de manière élective**.

Les antigènes sont des corps figurés vivants ou morts (cellules, éléments cellulaires, bactéries, champignons, particules virales) ou des molécules chimiques (toxines, protéines du système ABO…) très diverses qui vont agresser l'organisme.

Différents types d'antigènes

On estime que le nombre d'antigènes, actuellement, est infini ; toutefois selon la capacité que présente un immunogène à déclencher une réaction immunitaire, on parle d'immunogène fort, faible ou d'haptène.
Les haptènes sont des substances chimiques bien définies qui ne sont pas par elles-mêmes immunogènes, mais qui le deviennent après avoir été fixées à une molécule « porteuse ». Un haptène peut réagir spécifiquement, en l'absence de la molécule porteuse, avec les anticorps dont elle a permis la formation.

EXEMPLE D'UN HAPTÈNE, LE SULFATE DE M-AMINOBENZÈNE, QUI N'INDUIT PAS PAR LUI-MÊME D'ANTICORPS

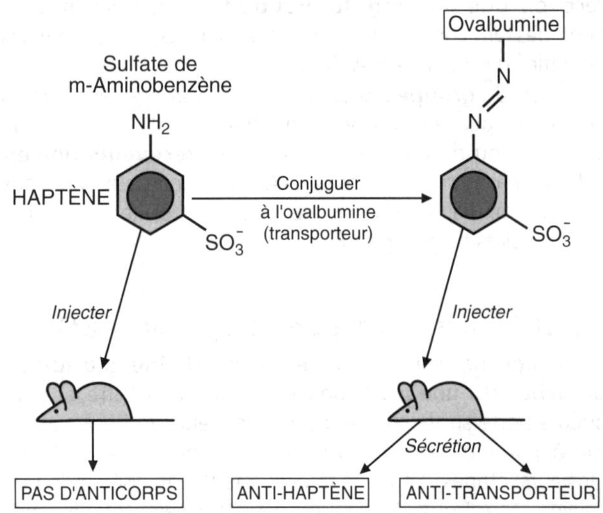

Site antigénique

On appelle **site antigénique** ou **déterminant antigénique** ou épitope, la fraction de la molécule qui sera reconnue spécifiquement par un lymphocyte ou par un anticorps. Il y aura combinaison entre ce déterminant antigénique et l'anticorps ou le lymphocyte.

SOI MODIFIÉ, RECONNU COMME NON-SOI

Le Non-Soi est aussi le Soi modifié par l'environnement. Ainsi, les cellules cancéreuses (où l'expression du génome est fortement perturbée), les cellules subissant des mutations, les cellules mortes ou altérées expriment à leur surface des molécules différentes des molécules normales du Soi. Ces molécules du Soi altéré, associées aux marqueurs membranaires du système CMH, sont reconnues comme du Non-Soi et seront donc détruites par le système immunitaire.

Dans toute cellule, des enzymes découpent en fragments (peptides) une partie des protéines présentes dans le cytoplasme. Ces peptides sont exposés à la surface de la cellule. Si les peptides exposés proviennent de protéines anormales du soi (issues de gènes mutés, voir figure 2a) ou de protéines étrangères (protéines codées par un génome viral, voir figure 2b), les complexes (peptide-CMH) ainsi formés sont repérés par des cellules du système immunitaire. Il se crée une liaison entre le complexe et la cellule immunocompétente. Une réaction immunitaire contre ce Soi modifié ou Non-Soi est alors déclenchée.

LE NON-SOI PROVIENT DU MILIEU ENVIRONNANT OU D'UNE MODIFICATION DES MOLÉCULES DU SOI

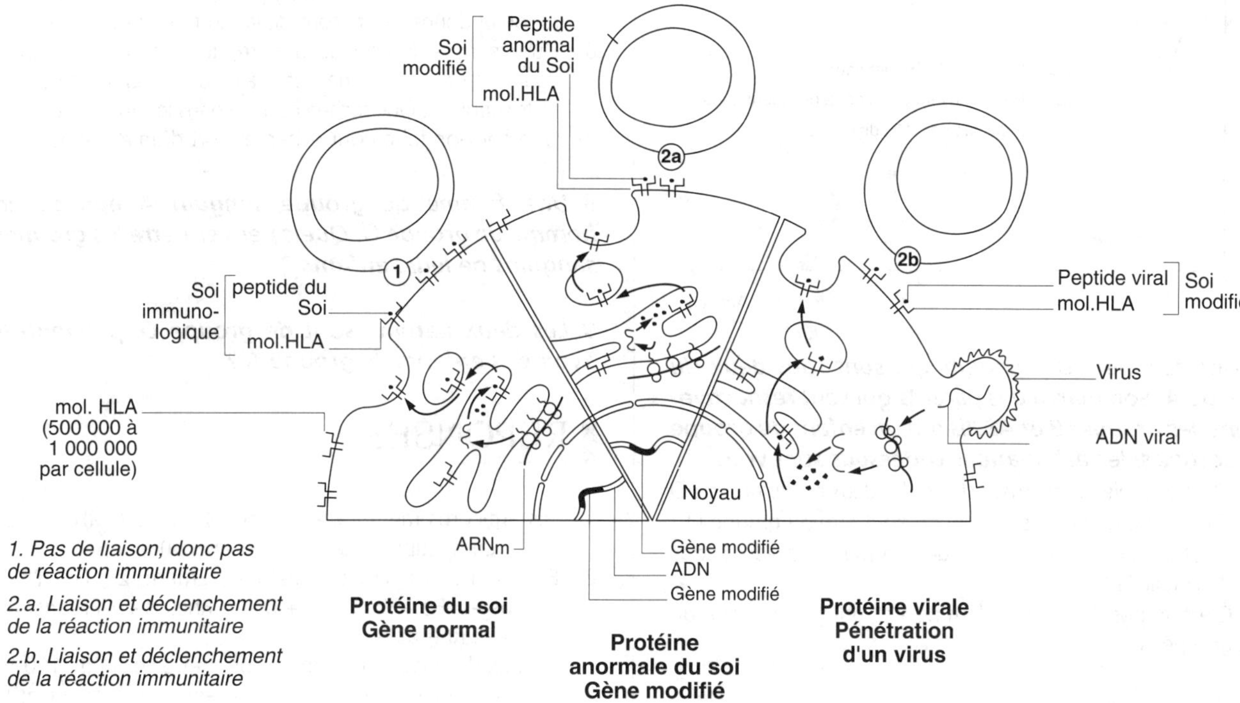

4 EXERCICES D'APPLICATION

QUESTIONS

1. Cochez la ou les bonnes affirmations

Les anticorps membranaires :

a) sont présents sur la membrane des LB et des LT
b) présentent une structure variable d'un clone de lymphocytes à l'autre
c) reconnaissent indifféremment le non-soi et le soi modifié
d) se fixent sur un antigène grâce à leur fragment Fab

Le complexe majeur d'histocompatibilité :

a) intervient dans les transfusions sanguines
b) permet de prévoir les incompatibilités entre un greffon et un receveur
c) joue un rôle dans les réactions immunitaires spécifiques
d) est codé par plusieurs allèles d'un seul gène
e) est codé par plusieurs gènes comportant chacun de nombreux allèles.

On redoute l'incompatibilité fœto-maternelle :

a) lorsqu'une femme Rh – est enceinte d'un enfant Rh +
b) lorsqu'une femme Rh + est enceinte d'un enfant Rh –
c) uniquement lors de la 2e grossesse
d) car les IgM franchissent la barrière fœto-placentaire

2. Facteur Rhésus et génotypes : complétez le tableau suivant

	Génotype	Groupe Rhésus
Père	D +,D –	Rhésus +
Mère	D +,D –	Rhésus +
Enfants – 1 – 2 – 3 – 4	D+D+ D+D– D–D– D–D+	R+ … R– …

3. Groupes tissulaires

Le graphe ci-dessous donne les pourcentages de survie d'un greffon en fonction de la parenté entre le donneur et le receveur. Faites un commentaire.

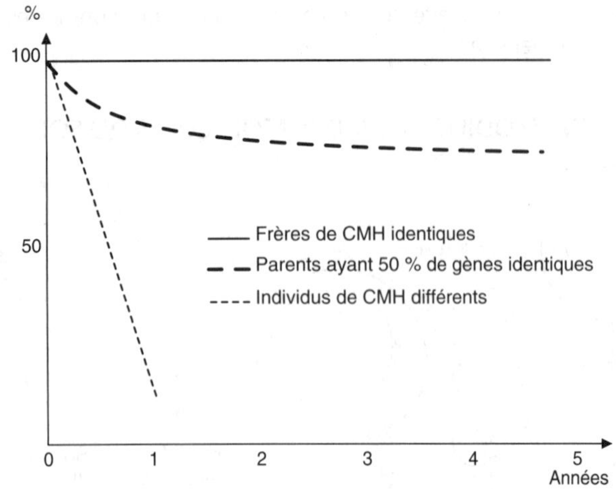

4. Une femme a des parents qui sont tous deux du groupe A. Son mari a des parents qui sont respectivement des groupes B et AB. Ils ont un enfant du groupe O. Cochez si les affirmations ci-dessous sont vraies.

a) C'est possible uniquement si l'un des deux est du groupe O
b) C'est impossible car son mari ne peut être du groupe O
c) C'est possible si les parents de son mari possèdent tous deux l'allèle O
d) C'est impossible car la femme est obligatoirement du groupe A

5. Compatibilité des groupes sanguins

Que se passe-t-il si l'on mélange une goutte de sang du groupe O à une goutte de sang du groupe AB ? Justifiez votre réponse.

6. Pour connaître le groupe sanguin de Paul et Pierre, on utilise des sérums tests que l'on met en contact avec leurs hématies

LES TROIS TESTS PRÉSENTENT UNE AGGLUTINATION

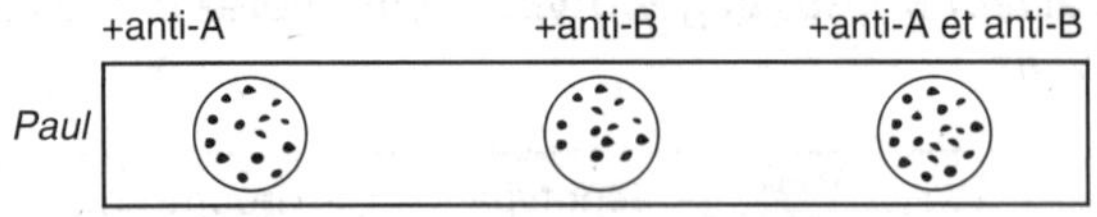

DEUX TESTS SUR TROIS PRÉSENTENT UNE AGGLUTINATION

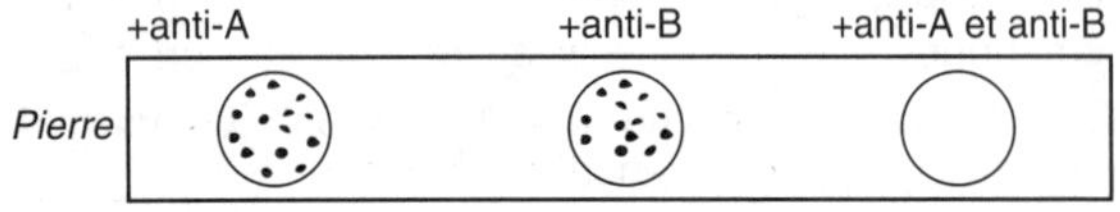

Analysez et donnez les groupes sanguins des deux frères. Expliquez ce qu'est une agglutination. Précisez la différence entre agglutination et coagulation.

7. Une jeune accouchée, dont l'enfant est mort-né, a besoin d'une transfusion. Elle est de groupe O et son mari également. C'est donc lui qui lui donne son sang. La transfusion faite, de graves symptômes apparaissent chez la mère.

a) À l'aide de vos connaissances, expliquez l'accident de transfusion et donnez les raisons de la mort du nouveau-né
b) Quels sont les Rhésus de la mère, du père et de l'enfant ?
c) Pour éviter ces problèmes, on réalise durant la grossesse des tests sanguins. Que recherche-t-on dans le sang maternel ?
d) Que peut-on faire pour éviter la mort d'un autre bébé ?

8. Une femme de groupe sanguin A épouse un homme de groupe O. Quels peuvent être les groupes sanguins de leurs enfants ?

9. Les deux parents sont de groupe O, peuvent-ils avoir des enfants de groupe A ?

RÉPONSES

1. Les anticorps membranaires : b), c), d). Le CMH : b), c), e). L'incompatibilité fœto-maternelle : a), c).
2. Enfant 1 : D + D + ; Rhésus +. Enfant 2 : D – D + ; Rhésus +. Enfant 3 : D + D – ; Rhésus +. Enfant 4 : D – D – ; Rhésus –.
3. Le taux de survie d'un greffon peut être voisin de 100 % quand une parenté étroite existe entre le donneur et le receveur. Ceci conduit à l'existence de groupes tissulaires, définis par des molécules portées à la surface de nos cellules nucléées.
4. a) faux ; b) faux ; c) faux ; d) faux.
5. On constate une agglutination entre les antigènes A et B du sang de groupe AB et les anticorps anti-A et anti-B contenus dans le sang de groupe O.
6. Le groupe sanguin de Paul est AB, il possède à la surface de ses hématies les antigènes A et B puisqu'elles sont agglutinées par des sérums anti-A et anti-B. Pierre est du groupe A, ses hématies agglutinent avec le sérum anti-A et pas avec le sérum anti-B.
   Une agglutination est la formation d'amas de complexes antigène-anticorps, la coagulation est la formation d'un caillot constitué de fibrine et de globules rouges.
7. a) Destruction des hématies du donneur (porteuses de l'antigène D) par des anticorps anti-D contenus dans le sang maternel.
   b) Mère : Rh –. Père : Rh +. Enfant : Rh +.
   c) Les anticorps anti-D.
   d) Des injections d'immunoglobulines anti-D qui vont neutraliser les antigènes D transmis par l'enfant à la mère.
8. Groupes O ou A.
9. Non, c'est impossible car les deux parents sont de génotype OO.

ORGANES ET CELLULES DU SYSTÈME IMMUNITAIRE

L'ensemble formé par les tissus lymphoïdes (organes lymphoïdes primaires et secondaires), les cellules immunocompétentes et les substances actives qu'elles produisent est appelé le système immunitaire.

1 TISSU LYMPHOÏDE

Le tissu lymphoïde est un tissu réparti dans l'organisme sous forme d'organes, d'amas ou d'infiltrats. Ce tissu est spécialisé dans la formation et le stockage des cellules immunocompétentes. On distingue les organes centraux et les organes périphériques ou secondaires.

ORGANES CENTRAUX PRIMAIRES

Le rôle de ces organes primaires est de permettre la différenciation et la maturation des cellules du système immunitaire.

Moelle osseuse ou moelle rouge

C'est un tissu situé à l'intérieur des os. Toutes les cellules du système immunitaire y sont créées. Elles se forment selon un processus appelé hématopoïèse, qui comporte une différenciation des cellules souches en cellules matures LB (lymphocyte B) ou en précurseurs LT (lymphocytes T).

La moelle osseuse produit les polynucléaires, les lymphocytes B, les précurseurs des lymphocytes T et les cellules tueuses (mais aussi les globules rouges et les plaquettes).

Thymus

Cette glande bilobée, située dans le médiastin antérieur, reposant sur le cœur, constitue le « cerveau » du système immunitaire. Le thymus présente un développement maximal à l'enfance, jusqu'à la puberté puis il régresse pour disparaître à la vieillesse.

C'est le lieu de maturation des lymphocytes T à partir des précurseurs des lymphocytes T venant de la moelle osseuse. Les cellules T matures sont ensuite relâchées dans la circulation sanguine.

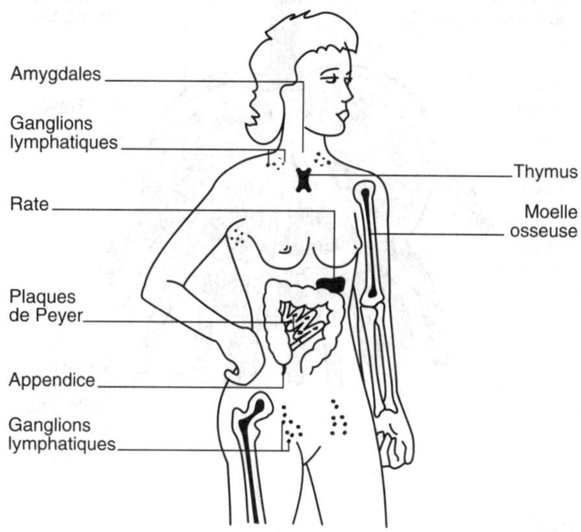

ORGANES SECONDAIRES

Ils comprennent **les ganglions lymphatiques, la rate et les formations lymphoïdes** digestives et respiratoires. Au cours de la vie embryonnaire, ils apparaissent après les organes lymphoïdes primaires et les lymphocytes circulants.

Ganglions lymphatiques

Les ganglions, au nombre de 1 000 environ, soit isolés, soit regroupés en différents points de l'organisme, sont situés sur le trajet de la lymphe. Ce sont des organes encapsulés qui ponctuent le réseau lymphoïde et qui contiennent des agrégats de lymphocytes et de cellules présentant l'antigène (macrophages). Ils sont placés de façon stratégique afin d'intercepter les antigènes provenant de la périphérie. C'est la raison pour laquelle il y a de nombreux ganglions au niveau des aisselles, des aines et du cou. Les ganglions mésentériques, présents au niveau de l'intestin grêle, sont très gros et situés de façon à protéger l'organisme des antigènes et des pathologies venant de l'intestin.

Les ganglions représentent **le principal lieu de développement des réactions immunitaires :**

- les lymphatiques afférents conduisent l'antigène vers les follicules lymphoïdes, et les lymphatiques efférents contiennent les anticorps et les cellules sensibilisées à la stimulation antigénique ;
- les ganglions servent de support pour la multiplication et la circulation des lymphocytes ;
- les ganglions assurent la phagocytose des éléments étrangers.

SCHÉMA D'UN GANGLION LYMPHATIQUE

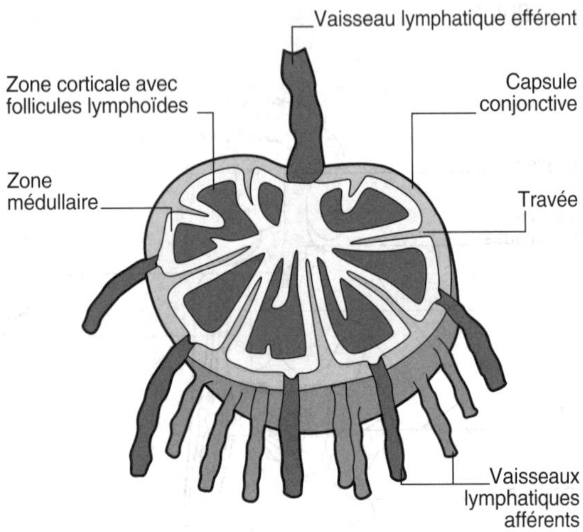

Rate

La rate est située sous la coupole diaphragmatique gauche, dans le péritoine et derrière l'estomac. Cet organe lymphoïde secondaire est encapsulé et joue le rôle de **filtre immunologique du sang.** Elle est constituée de cellules B, de cellules T, de macrophages, de cellules dendritiques, de cellules tueuses et de globules rouges. La rate est l'organe phagocytaire principal par les macrophages spléniques qui filtrent le sang, la rate est aussi un lieu de synthèse des anticorps et le lieu de production des lymphocytes B mémoires. La rate participe donc aux deux types de réactions immunitaires, non spécifique et spécifique.

Formations lymphoïdes

Les formations lymphoïdes des muqueuses digestives et respiratoires ou MALT (*mucosae associated lymphoid tissue*), sont les plaques de Peyer (amas de lymphocytes B dans la paroi de l'intestin grêle) et différents tissus lymphoïdes associés aux muqueuses, comme les amygdales ou les glandes salivaires.

Ces formations lymphoïdes secondaires **gardent les deux portes d'entrée** importantes chez l'homme en produisant des immunoglobulines A (IgA) qui jouent un rôle important dans la défense infectieuse (cf. p. 87).

ORGANISATION FONCTIONNELLE DU TISSU LYMPHOÏDE

Organes lymphoïdes primaires	Thymus	Moelle osseuse
Maturation	Lympho T ◄—	CS —► Lympho B (cellule souche)

▼

Organes lymphoïdes secondaires	Ganglion lymphatique	Rate	Tissu lymphoïde associé aux muqueuses (MALT)
Réponse immunitaire	Aux antigènes dans les tissus	Aux antigènes dans le sang	Aux antigènes sur les muqueuses

2 CELLULES IMMUNOCOMPÉTENTES

Ce terme comprend les leucocytes intervenant tant dans l'immunité non spécifique avec les polynucléaires, les macrophages et les cellules NK (*natural killer*), que dans l'immunité spécifique avec les lymphocytes et les mastocytes.

ORIGINE

Les cellules immunocompétentes **naissent dans la moelle osseuse** à partir des cellules souches. Ces cellules souches se différencient pour donner naissance aux différentes lignées myéloïdes et lymphoïdes, qui poursuivront leur maturation dans la moelle osseuse pour les lymphocytes B, dans le thymus pour les lymphocytes T. Les monocytes évolueront en macrophages dans les tissus.

Toutes ces cellules sont ensuite réparties dans les organes lymphoïdes secondaires (ganglions, rate, amygdales, plaques de Peyer) ou bien circulent dans le milieu intérieur.

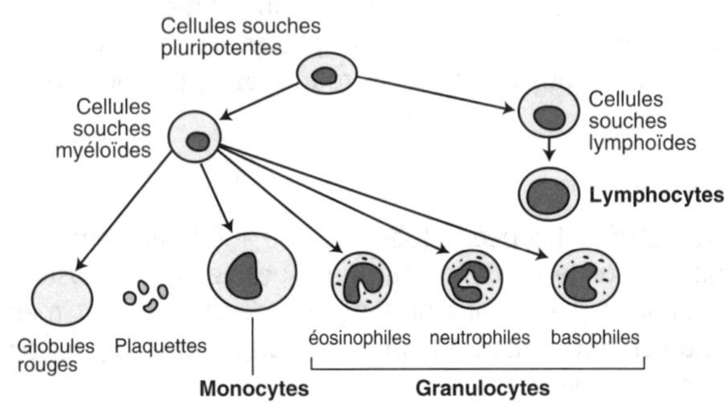

STRUCTURE ET RÔLES

Structure

Ces cellules se présentent sous la structure suivante :

Cellules	Structure	Schéma
Granulocytes (= Polynucléaires) : – neutrophiles – éosinophiles – basophiles	Cellules de 12 à 14 µm au noyau polylobé et au cytoplasme contenant de nombreuses granulations riches en lysozymes, enzymes de dégradation.	Granulocyte neutrophile : 
Monocytes	Cellules immatures de 8 à 10 µm circulant dans le milieu intérieur.	Monocyte : 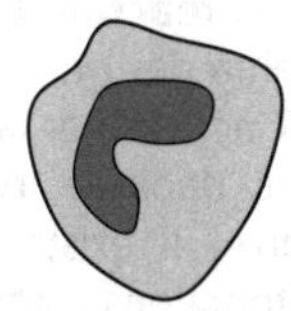
Macrophages	Cellules de grande taille, > à 20 µm. Ce sont des monocytes fixés dans les tissus, riches en lysosomes et présentant les signes d'une grande activité (nombreuses mitochondries et vésicules de phagocytose).	
Lymphocytes B et T	Cellules de petite taille, 6 à 10 µm, avec un rapport noyau/cytoplasme élevé. Le noyau est arrondi, occupant toute la cellule. Chaque lymphocyte porte un récepteur lui permettant d'identifier un antigène unique.	Lymphocyte : 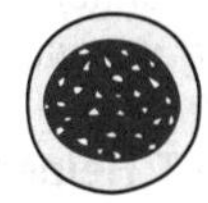
Cellules naturelles tueuses ou *natural killers*	Cellules lymphoïdes NK, K, LAK ne portant aucun des marqueurs B ou T.	
Mastocytes	Cellule de 25 à 30 µm avec un noyau massif et irrégulier riche en granulations. Cellules fixées sur les tissus. (les mastocytes sanguins sont les granulocytes basophiles).	Granulocyte basophile : 

Les cellules phagocytaires et leurs rôles

La phagocytose, étape essentielle de l'immunité non spécifique, est assurée par les polynucléaires, les monocytes dans le sang et surtout par les macrophages dans les tissus.

Polynucléaires

Ils assurent une dégradation intégrale de l'antigène phagocyté mais il ne joue aucun rôle dans l'induction de la réponse immunitaire. Les polynucléaires neutrophiles ont un pouvoir phagocytaire anti-infectieux, les éosinophiles interviennent au cours de réactions allergiques et/ou parasitaires. Les basophiles interviennent dans les allergies.

Macrophages

Ils exercent plusieurs fonctions dans l'immunité non spécifique et spécifique.

La principale fonction est la **phagocytose** ; mais celle-ci sera, le plus souvent, incomplète, et l'antigène, partiellement dégradé, restera plus ou moins longtemps sur la membrane cytoplasmique, où il sera alors exposé aux lymphocytes : c'est la **présentation de l'antigène aux lymphocytes B et T.**

Cette étape de présentation constitue le second rôle essentiel du macrophage. Le macrophage est alors appelé CPA, **cellule présentatrice d'antigène**. Ce que le macrophage présente aux lymphocytes est en fait un complexe : **molécule du système CMH-antigène.**

On peut parler de coopération cellulaire entre les macrophages et les lymphocytes, celle-ci s'exerçant par des messagers chimiques appelés cytokines.

Les fonctions du macrophage se résument ainsi :

- phagocytose ;
- présentation de l'antigène aux lymphocytes ;
- régulation des réponses immunitaires ;

• synthèse de fractions de lysozyme, de facteurs du complément, de cytokines (interleukines 1 et 6).

Les lymphocytes et leurs rôles

Après avoir subi leur maturation dans les organes lymphoïdes centraux, on distingue deux populations de lymphocytes, les LB et les LT. Les lymphocytes sont capables de réagir **spécifiquement avec des sites antigéniques** qui leur sont présentés directement par l'antigène ou par les macrophages (CPA), avec production d'une cytokine : l'interleukine 1 ou IL-1.

Les lymphocytes B, ayant reconnu l'antigène, sont activés et vont se différencier en plasmocytes, cellules qui sécrètent des anticorps. C'est la **réaction immunitaire à médiation humorale**. Il apparaîtra des lymphocytes B mémoire.

Les lymphocytes T activés par la reconnaissance de l'antigène, interviennent dans la **réaction immunitaire à médiation cellulaire**. Il existe plusieurs populations de lymphocytes T aux fonctions complémentaires :

• *les lymphocytes* **T cytotoxiques ou LTc ou LT CD8 ou LT8** reconnaissent spécifiquement un antigène cellulaire et lysent les cellules qui le portent. La lyse nécessite la reconnaissance simultanée de l'antigène et des protéines du système CMH ;

• *les lymphocytes* **T régulateurs** capables de moduler l'intensité de la réponse immunitaire humorale ou cellulaire. Leur action s'exerce à l'aide de cytokines. Les T régulateurs comprennent :

– *les* **T auxiliaires ou T Helpers ou T CD4 ou LT4** qui ont un effet **stimulant** sur l'ensemble des mécanismes : présentation de l'antigène, multiplication et différenciation des lymphocytes B et Tc ;

– *les T suppresseurs ou Ts qui freinent ou stoppent les réactions immunitaires*. Un équilibre entre le nombre des Th et des Ts est nécessaire pour que la réaction immunitaire se déroule bien.

• *les lymphocytes T mémoire* interviennent dans la réponse immunitaire secondaire, c'est-à-dire lors du deuxième contact avec un même antigène.

Les cellules NK, K, LAK (K *pour « killer »*) *et leurs rôles*

Ces cellules, de la lignée lymphoïde, détruisent directement les cellules cibles porteuses d'un antigène, d'une manière totalement aspécifique. Elles constituent une première ligne de défense à réponse immédiate avec une action ciblée sur les cellules infectées par des virus et les cellules cancéreuses. Leur action cytotoxique est induite par l'intervention d'une cytokine, l'interleukine 2 et leur action cytotoxique est augmentée par l'interféron α, β et l'interleukine 12.

Les mastocytes et leurs rôles

Ces cellules sont présentes dans les ganglions lymphatiques, la rate, le tissu conjonctif et la moelle osseuse, et **sécrètent des médiateurs chimiques tel l'histamine**. Elles ont la particularité de fixer de nombreuses molécules d'immunoglobulines E ou IgE, qui sont sécrétées lors d'un premier contact avec un antigène donné. Lorsque le même antigène pénètre à nouveau dans l'organisme, il se fixe à ces IgE spécifiques portés par les mastocytes et déclenche la libération massive d'histamine provoquant des manifestations allergiques (cf. p. 104).

RÉCEPTEURS MEMBRANAIRES

Macrophages et granulocytes

Ils possèdent des récepteurs membranaires à spécificité large reconnaissant un très grand nombre d'antigènes.

Lymphocytes B *et* T

Ce sont les cellules de l'immunité spécifique. L'immunocompétence d'un lymphocyte dépend de la synthèse d'un récepteur membranaire capable de reconnaître spécifiquement un antigène.

Chaque lymphocyte porte un récepteur (BCR pour le LB, et TCR pour le LT) lui permettant d'identifier un motif chimique de l'antigène (peptidique : 8 à 15 acides aminés, ou polysaccharidique : 5 à 6 sucres). Le motif de l'antigène reconnu par le récepteur est le déterminant antigénique.

RÉCEPTEUR DES LYMPHOCYTES B

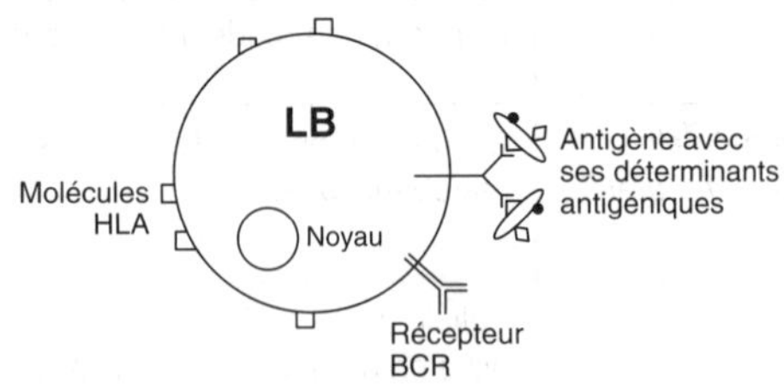

RÉCEPTEUR DES LYMPHOCYTES T

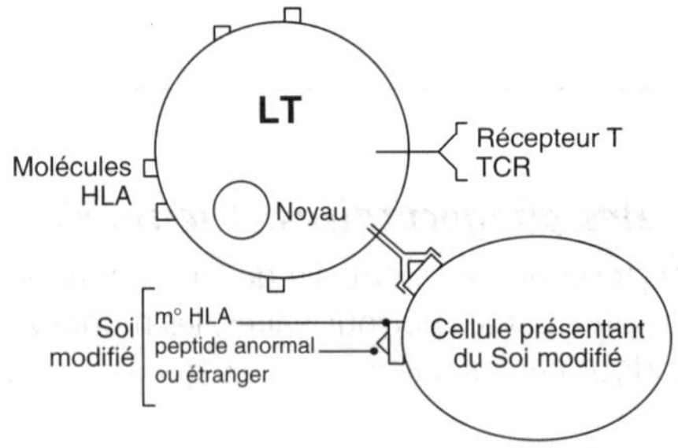

Dès la naissance, avant tout contact avec les antigènes, il existe une immense variabilité des récepteurs monospécifiques localisés sur les lymphocytes B et T. Chaque lymphocyte ne possède qu'un seul type de récepteurs spécifiques, répété en un très grand nombre d'exemplaires au niveau de sa membrane et complémentaire d'un déterminant antigénique. Cette très grande diversité des récepteurs membranaires confère à l'organisme la possibilité de reconnaître plusieurs centaines de millions de déterminants antigéniques différents. Elle constitue le **répertoire immunologique**.

Tolérance au Soi

Au cours de la maturation des lymphocytes dans le thymus ou la moelle osseuse, les lymphocytes présentant des récepteurs membranaires spécifiques du Soi sont, pour la plupart, éliminés. C'est l'acquisition de la tolérance au Soi.
Les lymphocytes présentant des récepteurs membranaires spécifiques des molécules du Non-Soi sont conservés *(voir p. 95)*.

3 SUBSTANCES PRODUITES PAR LES CELLULES IMMUNOCOMPÉTENTES

Les cellules immunocompétentes sécrètent différentes substances appelées cytokines.
Les cytokines peuvent être décrites comme les hormones du système immunitaire puisqu'elles **interviennent dans le dialogue entre lymphocytes, macrophages et autres cellules** *au cours de la réaction inflammatoire et des réponses immunitaires à médiation humorale et cellulaire.*

DÉFINITION

Les cytokines sont des glycoprotéines de faible poids moléculaire qui jouent un rôle de **médiateurs par activation du système immunitaire**. On ne les trouve pas dans les cellules au repos et elles ne sont produites qu'à la suite d'une activation.
Elles exercent leurs effets sur :
• les cellules qui les ont produites ;
• d'autres cellules immunocompétentes ;
• ou agissent à distance sur des organes ou tissus par un effet endocrine ; par exemple, interleukine 6, ou IL-6, sur les hépatocytes.

Les cytokines modulent la différenciation et la multiplication des cellules souches hématopoïétiques ainsi que l'activation des lymphocytes et des phagocytes. Elles contrôlent la balance entre les réponses humorales et cellulaires. D'autres peuvent intervenir dans l'inflammation. La plupart des cytokines ont un effet pléiotrope (activités multiples) et différents types cellulaires produisent plusieurs cytokines. La capacité à répondre à une cytokine dépend de la présence de récepteurs spécifiques à la surface des cellules immunocompétentes.
Les principales cellules productrices sont les macrophages et les lymphocytes T, surtout les LT4.

PRINCIPALES CYTOKINES

Interleukines (de IL-1 à IL-17)

On distingue, aujourd'hui, 17 types d'interleukines qui interviennent à différents niveaux des réactions immunitaires.

EXEMPLES D'INTERLEUKINES

Interleukines	Rôles
IL-1, sécrétée principalement par les macrophages, les lymphocytes B et les cellules NK	Stimule les macrophages Stimule la production des LTh Rôle majeur dans la réaction inflammatoire Fièvre et somnolence par action sur le système nerveux central. Induit la synthèse d'autres cytokines (IL-2, TNF, IL-6...)
IL-2 produite par les cellules NK et les lymphocytes T	Stimule les LT Stimule les cellules NK, LAK Activation des macrophages
IL-4, IL-5 et IL-6 produites principalement par les LTh	Activateurs des lymphocytes B, favorisent leur différenciation et leur développement
IL-9 produite par les LT4	Division des LT Induit le développement des mastocytes

Interférons (IFN)

On en distingue trois types :
• les interférons α, synthétisés par les leucocytes ;
• les interférons β, synthétisés par les fibroblastes ;
• les interférons γ, synthétisés par les lymphocytes T activés.

Ils activent les macrophages et augmentent l'expression des molécules du complexe majeur d'histocompatibilité, stimulant donc la reconnaissance des antigènes par les LT cytotoxiques.
Les interférons β sont utilisés en thérapeutique dans le traitement de la sclérose en plaques, (Avonex®, Rebif®, Betaferon®).
Par ailleurs, les interférons α sont connus pour empêcher la réplication virale et la transmission du virus d'une cellule à l'autre (Introna®, Roferon®, Pegasys®, Viraferon-Peg®).

TNF *ou facteur nécrosant des tumeurs*

Il est composé de deux molécules : TNF-α, synthétisé par les macrophages, et TNF-β, synthétisé par les lymphocytes T. Le TNF-α joue un rôle majeur dans le processus inflammatoire, il active les macrophages et augmente la prolifération des lymphocytes T. De plus il présente une action anti-tumorale.

Facteurs de croissance hématopoïétiques

C'est un ensemble de facteurs, comme le GM-CSF, facteur de croissance des granulocytes et des macrophages, qui stimule la multiplication des lignées conduisant aux granulocytes et aux monocytes. Par ailleurs, le GM-CSF augmente la phagocytose.
Le G-CSF provoque la croissance des polynucléaires matures, le M-CSF, celle des macrophages.

PRINCIPALES CYTOKINES IMPLIQUÉES DANS LES RÉACTIONS IMMUNITAIRES

Réaction immunitaire	Cytokines impliquées
Prolifération et différenciation des LT	IL-1, IL-2, IL-4, IL-6, IL-7, IL-9, IL-12, IL-16.
Activation, prolifération et différenciation des LB	IL-1, IL-2, IL-4, IL-6, IL-7, IL-13, IFNγ.
Hématopoïèse	IL-3, G-CSF, GM-CSF, M-CSF.
Activation des macrophages et des granulocytes	IFNγ, GM-CSF, IL-3, IL-8.
Activités cytotoxiques	TNF-α, TNF-β, TNF-γ, IL-2, IL-12.

4 EXERCICES D'APPLICATION

QUESTIONS

1. Donnez la ou les affirmations exactes

Les cellules immunocompétentes :

a) naissent toutes dans la moelle osseuse
b) sont toutes pourvues de récepteurs, spécifiques d'un déterminant antigénique
c) se renouvellent constamment
d) sont toutes présentes dans le sang et la lymphe
e) appartiennent toutes aux lignées des globules blancs

Les récepteurs T :

a) font partie du répertoire immunologique
b) sont des anticorps membranaires spécifiques des LT
c) reconnaissent directement les antigènes
d) reconnaissent l'antigène seulement s'il est associé à une molécule HLA

Le thymus est un organe lymphoïde :

a) situé dans la cavité abdominale
b) où naissent les lymphocytes T
c) où les lymphocytes T subissent leur maturation
d) sans lequel il n'y aurait aucune défense immunitaire
e) dont le poids et la taille varient avec l'âge

Les ganglions lymphatiques :

a) sont des organes lymphoïdes primaires
b) se regroupent en régions anatomiques, constituant des aires lymphatiques
c) sont situés sur le trajet de la lymphe
d) sont le lieu de développement des réactions immunitaires

2. Définir en une phrase les mots suivants

Lymphocyte B, organe lymphoïde, cellule NK, immunocompétence, récepteur T, répertoire immunologique.

3. Que savez-vous sur les cellules présentatrices d'antigène ? Nommez-les et donnez leurs rôles.

4. Pour préciser le rôle des lymphocytes T et B, on réalise l'expérience suivante : un lot de souris adultes reçoit une injection de globules rouges de mouton (GRM). Quelques jours après, leur sérum est mis en présence de GRM, et on observe l'agglutination des GRM.

a) Nommez la réaction qui a eu lieu.
b) Quelles sont les substances chimiques en cause ?
c) Indiquez la structure des molécules produites par les souris lors de cette réaction. Par quelles cellules sont-elles synthétisées ? Quelle est l'origine de ces cellules ?

5. Les cytokines sont-elles des anticorps produits par les lymphocytes T ?

Justifiez votre réponse. Donnez leur rôle et citez un exemple.

RÉPONSES

1. Les cellules immunocompétentes : a), c), e). Les récepteurs T : a), d). Le thymus : c), e). Les ganglions lymphatiques : b), c), d).
2. Voir lexique.
3. Ce sont les macrophages ; ils ont un rôle de présentation de l'antigène aux lymphocytes T4 ou B sous forme d'un complexe antigène-molécule du CMH ; un rôle de phagocytose, de régulation des réponses immunitaires et de synthèse de cytokines.
4) a) Formation d'un complexe immun antigène-anticorps.
b) Les antigènes sont des déterminants antigéniques portés à la surface des GRM, et les anticorps sont des immunoglobulines spécifiques de type IgG.
c) Schéma voir cours, les Ig sont sécrétées par les plasmocytes ou LB différenciés qui sont issus de la moelle osseuse.
5) Non, les cytokines ne sont pas assimilables à des anticorps. Ce sont des substances de faible poids moléculaire de nature glycoprotéique, sécrétées par les différentes cellules immunocompétentes. Elles jouent un rôle d'activation des mécanismes immunitaires (tant au niveau de l'immunité non spécifique, sur la réaction inflammatoire par exemple, que spécifique sur la multiplication et la différenciation des lymphocytes, par exemple).

IMMUNITÉ NON SPÉCIFIQUE

C'est l'ensemble des moyens naturels, non spécifiques d'un organisme donné, mis en œuvre pour éliminer l'élément étranger, quelle que soit sa nature, par opposition à l'immunité spécifique (*voir p. 86*).

L'organisme s'oppose en permanence à la pénétration ou à l'invasion d'un antigène en faisant intervenir des processus immédiats qui sont ses moyens de défense non spécifiques. Compte tenu du nombre de bactéries que nous hébergeons sur la peau et dans l'appareil digestif principalement, il y a nécessité de barrières s'opposant globalement à leur intrusion dans le milieu intérieur, dont la stabilité est essentielle au bon fonctionnement du corps humain.

L'immunité non spécifique consiste en la présence **de barrières naturelles** puis, en cas de franchissement de ces barrières**, en une réponse inflammatoire** par les polynucléaires neutrophiles, les monocytes, les macrophages et les cellules NK ou naturelles tueuses.

1 BARRIÈRES NATURELLES

PEAU ET MUQUEUSES

Une protection mécanique est assurée par la peau et les muqueuses qui constituent les frontières qui nous séparent du monde extérieur.

En fonction de leurs modalités d'action, on les classe en :

- barrières anatomiques (peau et muqueuses) ;
- barrières chimiques (sueur, suc gastrique) ;
- barrières biochimiques (enzymes bactériologiques, complément, interférons) ;
- barrières écologiques (flores commensales).

SUBSTANCES ANTIMICROBIENNES

Elles interviennent en plus des barrières chimiques et mécaniques. Le sang et les liquides interstitiels contiennent des substances chimiques qui découragent la croissance microbienne. Ce sont :

- les interférons *(voir p. 83)* ;
- le complément : il s'agit d'une vingtaine de protéines inactives dans le plasma sanguin et dans les membranes cellulaires qui augmentent la réaction inflammatoire. Lors d'une infection, les protéines sont activées en cascade au contact d'antigènes portés par les micro-organismes ou en présence d'anticorps *(voir p. 88)*.

LES BARRIÈRES NATURELLES AU SYSTÈME IMMUNITAIRE

1. La peau, constamment renouvelée, est imperméable à la plupart des microbes grâce à sa couche cornée.

2. Les glandes sudoripares déversent la sueur dont l'acidité (pH 3,5) s'oppose au développement des champignons microscopiques et de certaines bactéries.

3. Les larmes, le mucus nasal, la salive contiennent une enzyme (le lysozyme) qui provoque la mort de certaines bactéries en dégradant leur paroi externe.

4. Le mucus (sécrétions nasales et bronchiques) enveloppe les bactéries qui peuvent être refoulées à l'extérieur grâce à des cils vibratiles.

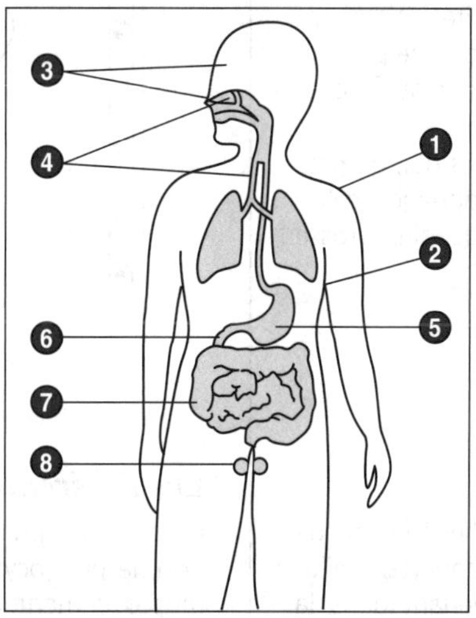

5. L'acide gastrique maintient dans l'estomac un milieu de pH 1 à 2 qui détruit de nombreux microbes.

6. Dans le duodénum, des sécrétions alcalines (bile...) amènent un changement brutal du milieu (pH 8).

7. Des bactéries non pathogènes, très nombreuses, vivent dans le tube digestif en y maintenant des conditions défavorables pour de nombreux microbes.

8. Chez l'homme, la spermine du sperme et chez la femme, des sécrétions vaginales, ont des propriétés antibiotiques.

2 RÉACTION INFLAMMATOIRE

La réaction inflammatoire est l'ensemble des phénomènes déclenchés par l'effraction d'une des barrières de protection de l'organisme. Il s'agit d'une réaction locale dans laquelle toutes les cellules qui interviennent appartiennent au système immunitaire.

Lorsqu'un élément étranger a pu pénétrer dans le tissu conjonctif, il se produit des modifications vasculaires et cellulaires caractérisant la réaction inflammatoire, dont le but final consiste à capter et à éliminer les agents étrangers grâce à un phénomène appelé phagocytose.

L'évolution de la réaction inflammatoire comporte principalement deux temps : une phase de migration leucocytaire suivie de la phagocytose.

PHASE DE MIGRATION LEUCOCYTAIRE

Au niveau de l'introduction de l'élément étranger, on constate un ralentissement du flux sanguin capillaire et une vasodilatation s'accompagnant d'une augmentation de la perméabilité capillaire, ce qui entraîne une exsudation locale de plasma.

Toutes ces modifications circulatoires sont provoquées par la mise en circulation de prostaglandines, histamine et kinines ; et se traduisent, chez l'individu par les signes habituellement observés dans le processus inflammatoire, **la rougeur, la chaleur locale, la douleur et l'œdème.**

Lors de l'exsudation plasmatique, il y a migration de polynucléaires neutrophiles dans le tissu conjonctif avoisinant par le phénomène de diapédèse, au cours duquel les leucocytes s'infiltrent entre les cellules endothéliales et perforent la membrane basale dont la continuité sera ensuite rapidement rétablie. Cet afflux local de leucocytes est déterminé par chimiotactisme, attraction par des substances chimiques telles les protéines du complément.

Après les polynucléaires, ce sont les monocytes qui, en passant dans les tissus, se transforment en macrophages, cellules capables de phagocyter des antigènes de plus grosse taille.

PHAGOCYTOSE

Définition

C'est la faculté pour certaines cellules d'ingérer et de détruire divers matériels antigéniques. Les phagocytes (cellules spécialisées dans la phagocytose) intervenant dans la réponse immunitaire sont les **polynucléaires neutrophiles, les monocytes et les macrophages :**

- les polynucléaires sont les premiers à migrer rapidement du sang vers les tissus ;
- les monocytes circulent dans le sang pendant quelques jours, et se transforment en gagnant les tissus en macrophages. Selon leur localisation, ils portent des noms différents, tout en ayant les mêmes propriétés : cellules de Kupffer dans le foie, histiocytes dans le tissu conjonctif, macrophages alvéolaires dans les poumons, astrocytes dans le système nerveux central ;
- les macrophages ont une longue durée de vie et combattent principalement les bactéries, virus et protozoaires capables de vivre à l'intérieur des cellules de l'hôte.

Propriétés des phagocytes

Les phagocytes possèdent deux propriétés majeures qui rendent possible la réaction de phagocytose :

- l'attirance par des substances chimiotactiques : c'est **le chimiotactisme**. Des peptides (C5a), mais aussi l'histamine, les prostaglandines diffusent vers les capillaires sanguins, causant l'adhésion des phagocytes à l'endothélium vasculaire, c'est la marginalisation ;
- **la diapédèse** est la faculté des phagocytes de traverser l'endothélium vasculaire. Puis ces cellules migrent dans les tissus vers le foyer de l'inflammation grâce aux peptides chimiotactiques.

CHIMIOTACTISME ET DIAPÉDÈSE

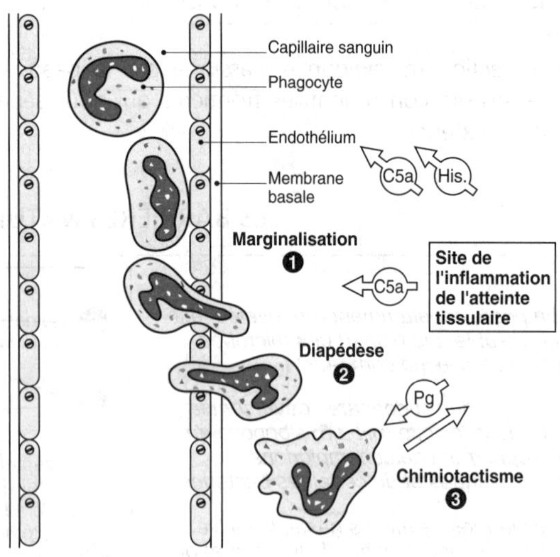

Les différentes phases de la phagocytose

Une fois les phagocytes présents sur le lieu de l'inflammation, la phagocytose se déroule selon les phases suivantes : rapprochement, adhérence, ingestion, digestion.

Phase de rapprochement

C'est une approche chimiotactique du phagocyte vers le germe.

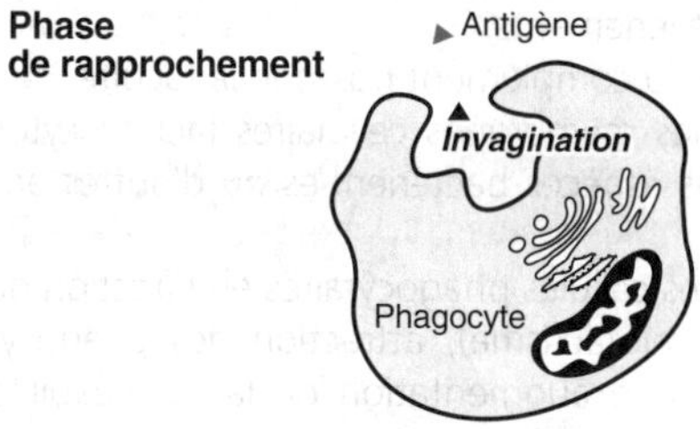

Phase d'adhérence ou opsonisation

C'est l'association de molécules à des particules, des micro-organismes ou des complexes immuns, leur permettant de se lier à des récepteurs spécifiques à la surface des phagocytes, et favorisant leur capture.

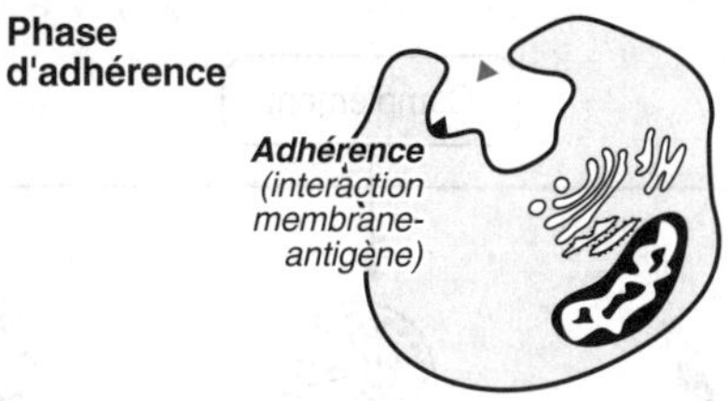

Les opsonines sont des molécules qui se lient d'un côté aux particules à phagocyter et de l'autre coté aux récepteurs des phagocytes, réalisant un pont entre les deux. On trouve dans ce groupe les IgG, le C3b (protéine du complément) et la protéine C-réactive.

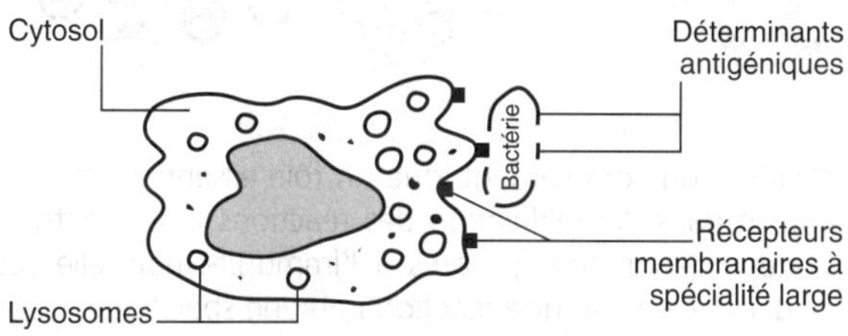

Adhésion d'un phagocyte grâce aux récepteurs à spécificité large

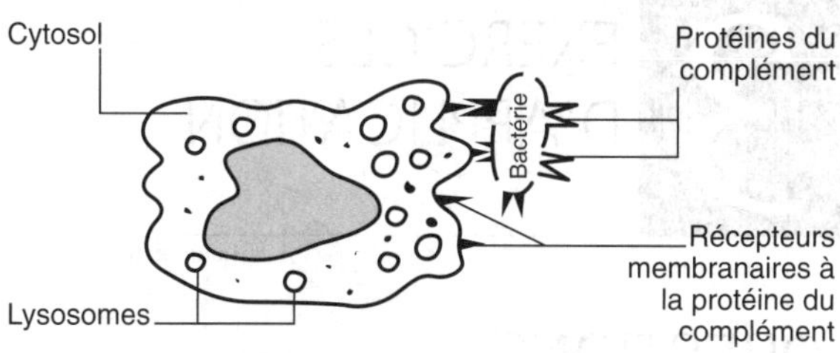

Adhésion d'un phagocyte grâce aux récepteurs à une protéine du complément

Deux catégories de récepteurs interviennent :

- les récepteurs membranaires à spécificité large reconnaissant des antigènes des parois des microorganismes ;
- les récepteurs membranaires à la protéine du complément activés par sa fixation sur la bactérie.

Phase d'ingestion ou englobement

Le phagocyte émet des pseudopodes qui englobent le germe dans les trois plans de l'espace ; lorsque les extrémités des pseudopodes ont fusionné, le germe est enfermé dans une vacuole intracytoplasmique, ou phagosome, dont la membrane est identique à la membrane cellulaire. Ce processus ne demande que quelques minutes.

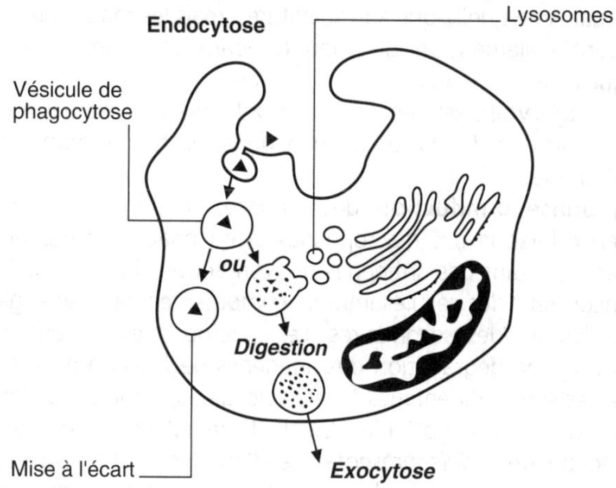

Phase de digestion

Les lysosomes et les granulations cytoplasmiques du phagocyte vont s'accoler à sa membrane et fusionner avec elle en déversant leur contenu à l'intérieur de la vacuole. C'est un ensemble de mécanismes microbicides à base d'enzymes (hydrolases) agissant en milieu acide (libération de dérivés réactifs de l'oxygène) qui vont provoquer la mort et la destruction de la particule phagocytée (environ une heure). Les polynucléaires assurent une dégradation totale de la particule ingérée mais les macrophages réalisent le plus souvent une dégradation partielle.

Devenir des antigènes phagocytés

Selon leur nature, les antigènes :

- **sont dégradés totalement**, il y a disparition des débris. La réaction inflammatoire est terminée ;
- **persistent** dans les cellules phagocytaires, donnant des réactions inflammatoires chroniques ou des infections latentes ;
- **se multiplient** à l'intérieur du phagocyte, en cas de germes très virulents ou résistants et il y a dissémination de l'infection.

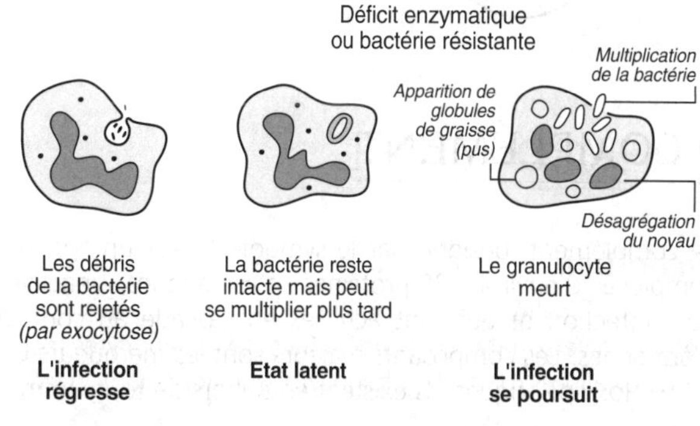

RÔLE DES PHAGOCYTES DANS LA RÉACTION IMMUNITAIRE SPÉCIFIQUE

Les phagocytes interviennent d'abord dans la réaction immunitaire non spécifique en détruisant l'antigène agresseur de l'organisme quelle que soit sa nature ; mais les macrophages jouent également un rôle important dans les réponses spécifiques.
La phagocytose est impliquée d'abord dans la phase d'induction puis dans la phase effectrice de la réaction immunitaire spécifique.
La phase d'induction des réponses immunitaires commence lorsque des macrophages ayant phagocyté des éléments portant des antigènes du Non-Soi ou du Soi modifié rencontrent des cellules immunocompétentes dans les organes lymphoïdes secondaires. Les macrophages traitent les produits de dégradation des antigènes de façon à en associer les sites antigéniques à des molécules spécifiques de leur membrane, les molécules CMH. Ils remplissent alors une fonction *de cellule présentatrice d'antigène (CPA)* permettant de sélectionner le clone spécifique de LT4 (voir schéma).
Dans la phase effectrice, la phagocytose permet *l'élimination des déchets cellulaires* résultant soit de la formation des complexes immuns, soit de l'action du complément sur les cibles ayant fixé des anticorps, soit de l'action des LTc sur les cellules cibles.

LE MACROPHAGE : CPA

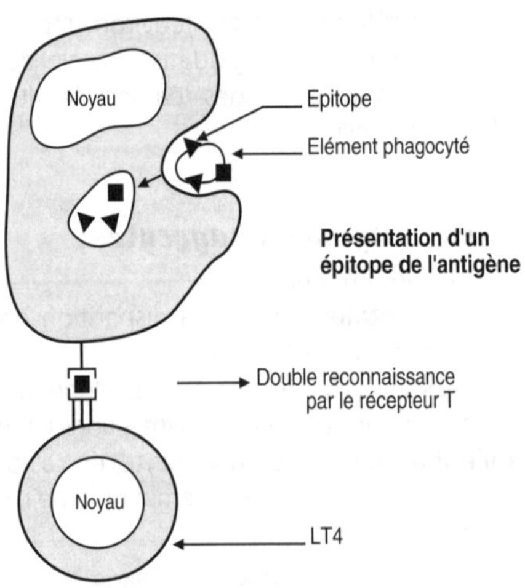

COMPLÉMENT

Le complément, désigné par le symbole C, est un système complexe d'environ 20 protéines plasmatiques, inactives hors infection et qui sont activées en cascade au contact d'antigènes. Les composants majeurs sont les marqueurs C1 à C9. Non spécifiques, ils existent en dehors de toute immunisation et ils interagissent les uns sur les autres de telle sorte que le produit d'une réaction est l'enzyme catabolisant la suivante. Ainsi un stimulus initial faible peut déclencher une cascade d'événements.
Le système du complément possède la faculté :
• de lyser les membranes cellulaires (action cytolytique) de nombreuses espèces bactériennes ou d'autres agents infectieux ;
• d'attirer les cellules phagocytaires en direction du site réactionnel (chimiotactisme), attraction des phagocytes qui se traduit par une augmentation de la perméabilité capillaire vasculaire ;
• d'activer la phagocytose en favorisant l'immunoadhérence phagocyte-antigène, rôle opsonisant ;
• de neutraliser des virus.

LES DIFFÉRENTS RÔLES DU COMPLÉMENT

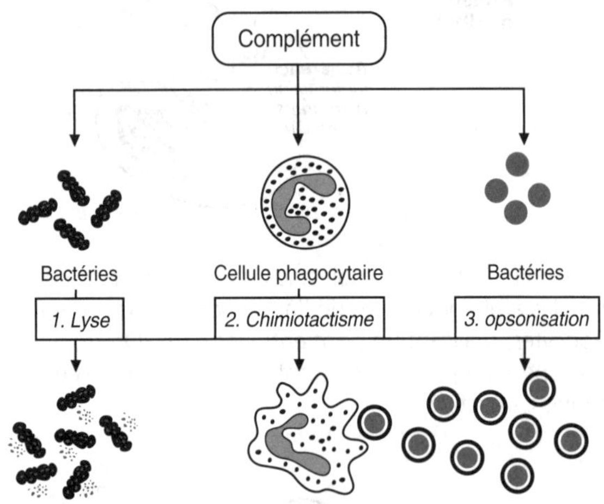

L'activation du complément joue un rôle essentiel dans l'initiation et dans l'amplification des réactions inflammatoires. Tous ces phénomènes propres à l'immunité naturelle sont aussi déclenchés par une réaction immune spécifique.

3 EXERCICES D'APPLICATION

QUESTIONS

1. Donnez la ou les bonnes affirmations

Dans une réaction inflammatoire :
a) on observe une migration des lymphocytes au lieu de l'inflammation
b) le taux de prostaglandines augmente sur le site inflammatoire

c) on observe une augmentation de la perméabilité capillaire
d) les antigènes phagocytés sont toujours totalement dégradés

La phagocytose :
a) est exercée par les cellules immunocompétentes lymphoïdes
b) est une réaction immunitaire non spécifique
c) fait partie de la réaction inflammatoire
d) participe aux réactions immunitaires non spécifiques et spécifiques

Le complément :
a) est un complexe d'une vingtaine de protéines plasmatiques
b) est une cytokine sécrétée par les LT4
c) intervient dans les réactions immunitaires non spécifiques et spécifiques
d) est spécifique d'un antigène

Le chimiotactisme :
a) concerne les leucocytes
b) ne fait pas partie de la réaction inflammatoire
c) est une migration des lymphocytes vers le tissu enflammé
d) est nécessaire à la première étape de la phagocytose
e) met en jeu des substances telles l'histamine, les prostaglandines

2. Voici un polynucléaire neutrophile au cours d'une phase de son activité naturelle dans l'organisme.

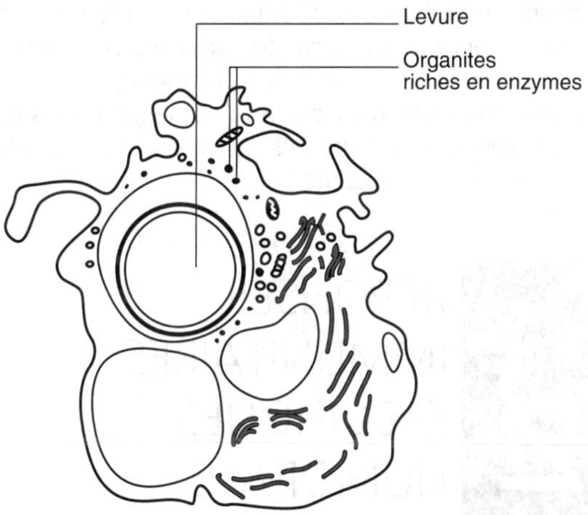

a) Nommer cette action, la décrire.
b) Préciser quelle est la propriété fondamentale de ce type d'immunité.
c) D'autres cellules présentent le même type d'activité. Lesquelles ? Où les trouve-t-on dans l'organisme ?

3. La peau et les muqueuses s'opposent efficacement à la pénétration d'éléments antigéniques. Associez par une flèche chaque type de protection aux exemples cités.

– protection biologique – protection mécanique – protection chimique	– flore buccale – larmes – mucus bronchique – acidité gastrique – toux – cils vibratiles respiratoires – flore intestinale – peau – sécrétions vaginales – salive

RÉPONSES

1. Réaction inflammatoire : b), c). Phagocytose : b), c), d). Complément : a), c). Chimiotactisme : a), d), e).
2. a) Phagocytose ; différentes phases : approche chimiotactique, adhérence par opsonisation, ingestion et digestion. b) Immunité non spécifique. c) Les macrophages, qui se trouvent au niveau tissulaire.
3. Biologique : flores, mucus. Mécanique : toux, cils, peau. Chimique : larmes, mucus, acidité, sécrétions, salive.

IMMUNITÉ SPÉCIFIQUE

1 GÉNÉRALITÉS

IMMUNITÉ NATURELLE OU ADAPTATIVE

La réponse immunitaire résulte de l'activité d'un certain nombre de cellules et de facteurs solubles qui peuvent être regroupés selon qu'ils interviennent dans la réponse naturelle non spécifique (innée) ou adaptative spécifique (acquise).

	Immunité naturelle non spécifique	Immunité adaptative spécifique
Facteurs solubles	Lysozyme Complément Protéine C-réactive Interférons	Anticorps
Cellules	Phagocytes Cellules NK	Lymphocytes T

Il existe de nombreux liens entre ces deux types d'immunités puisque le système immunitaire adaptatif peut contrôler certains éléments du système inné, tels que les phagocytes ou le complément :

- **l'immunité naturelle ou innée**, non spécifique, est le fait de mécanismes effecteurs divers, qui ne sont ni spécifiques d'un agent infectieux particulier, ni plus efficaces après de multiples rencontres avec cet agent ;
- **l'immunité adaptative ou acquise** est spécifique de l'agent qui l'a induite et se caractérise par une augmentation de la réponse à chaque rencontre avec cet agent :
  - *l'immunité acquise passivement* est obtenue soit par sérothérapie c'est-à-dire l'administration d'anticorps élaborés par un autre organisme immunisé activement ou spontanément, c'est la *sérothérapie* ; soit par la *transmission fœto-maternelle* quand la mère transmet à l'enfant des anticorps à travers la barrière placentaire ou par l'allaitement au sein. Dans les deux cas, la protection est immédiate mais de courte durée. Chez le nouveau-né, la protection passive couvrira les cinq premiers mois de vie, laissant ainsi le temps au système immunitaire de l'enfant de parvenir à maturation complète afin qu'il développe une immunité spécifique active face aux micro-organismes qu'il rencontrera ;
  - *l'immunité acquise naturellement* correspond à l'immunité fabriquée par l'organisme lorsqu'il développe une maladie comme la rougeole ou la toxoplasmose. L'organisme fabrique ses propres anticorps et il gardera en mémoire cette réaction immunitaire ;
  - *l'immunité acquise activement* est réalisée par *vaccination* en administrant des micro-organismes vivants atténués, des organismes tués ou des antigènes modifiés qui induisent une immunité protectrice contre un agent pathogène donné. L'immunité acquise activement ne s'exerce pas immédiatement mais elle permet une protection durable.

CARACTÉRISTIQUES DE L'IMMUNITÉ SPÉCIFIQUE

On distingue trois caractéristiques essentielles :

- **la spécificité** : l'immunité établie contre un agent étranger ne s'exerce qu'envers cet agent étranger et jamais contre un autre ;
- **la mémoire** : un organisme immunisé contre un antigène est capable lors du deuxième contact avec ce même antigène de le rejeter beaucoup plus rapidement ;
- **la reconnaissance du Non-Soi** : l'organisme ne s'immunise qu'envers des constituants étrangers et il est tolérant pour ses propres constituants.

2 RÉPONSES IMMUNITAIRES SPÉCIFIQUES HUMORALE ET CELLULAIRE

L'immunité à médiation humorale et l'immunité à médiation cellulaire sont deux concepts utilisés pour décrire les différents mécanismes employés par le système immunitaire spécifique. **Les anticorps et les autres molécules solubles constituent les effecteurs humoraux alors que les cellules T, les cellules NK et les phagocytes sont les effecteurs cellulaires.**

La réponse spécifique intervient après la reconnaissance d'un antigène par les lymphocytes. Elle nécessite la coopération entre différentes cellules immunitaires par des contacts et des sécrétions. On distingue trois phases :

- **la phase d'induction** débute lors de la reconnaissance de l'antigène aboutissant à la sélection des clones de lymphocytes possédant les récepteurs membranaires complémentaires des déterminants antigéniques de l'antigène reconnu. C'est la sélection clonale des lymphocytes B et T compétents (T CD4 et T CD8), et leur activation ;

• **la phase d'amplification** comporte une étape de multiplication des lymphocytes activés, par mitoses successives, puis une étape de différenciation au cours de laquelle certains des lymphocytes activés deviennent des cellules effectrices (plasmocytes, lymphocytes T cytotoxiques ou lymphocytes T4). Cette phase est contrôlée par la sécrétion d'interleukines (IL-2) par les LT4 ;

• **la phase effectrice** met en jeu deux types de réponses dont l'importance et l'efficacité dépendent de la nature de l'antigène :

- **la réponse à médiation humorale** avec pour support un clone de plasmocytes (ou LB différenciés) qui sécrètent des **anticorps circulants, spécifiques du déterminant antigénique reconnu** comme du non-soi. L'association de l'anticorps et du déterminant antigénique (complexe immun ou complexe antigène-anticorps) aboutit à la neutralisation de l'antigène mais non à sa destruction. Celle-ci sera réalisée par la phagocytose des complexes immuns et/ou l'action cytolytique du complément. Cette réponse humorale est prépondérante contre la plupart des bactéries et c'est la seule réaction dans le cas des antigènes solubles ;
- **la réponse à médiation cellulaire** avec pour support les lymphocytes T cytotoxiques. Après *reconnaissance de molécules du système HLA associées à un déterminant antigénique* « étranger » (soi modifié), les lymphocytes T cytotoxiques **libèrent des perforines** permettant la lyse des cellules cibles. Les déchets cellulaires sont phagocytés. Cette réponse à médiation cellulaire intervient préférentiellement dans la protection de l'organisme contre les virus, les bactéries endocellulaires ainsi que sur les cellules cancéreuses ou greffées.

La réaction immunitaire spécifique *est mise en mémoire* par des lymphocytes B ou T à longue vie, qui, sensibilisés par un premier contact avec l'antigène, assureront une réponse secondaire efficace.

La réponse non spécifique intervient en amont et en aval de la réponse spécifique, ces deux réponses sont complémentaires *(voir p. 84)*.

3 IMMUNITÉ À MÉDIATION HUMORALE

ANTICORPS

Définition

On appelle anticorps ou immunoglobulines, Ig, des protéines produites par les lymphocytes B différenciés (appelés plasmocytes), en réponse à une stimulation antigénique spécifique.

Les anticorps formés sont capables de se combiner spécifiquement avec un antigène. On trouve les anticorps dans le plasma, la lymphe et dans diverses sécrétions de l'organisme (lait, salive).

On distingue, selon leur nature, fixe ou circulante, les immunoglobulines de membrane, récepteurs membranaires des lymphocytes B pour l'antigène, et les immunoglobulines sériques, qui correspondent aux anticorps proprement dits, anticorps circulants dans le sérum (surtout des IgG, IgM et IgA).

Structure

STRUCTURE D'UNE MOLÉCULE D'IgG

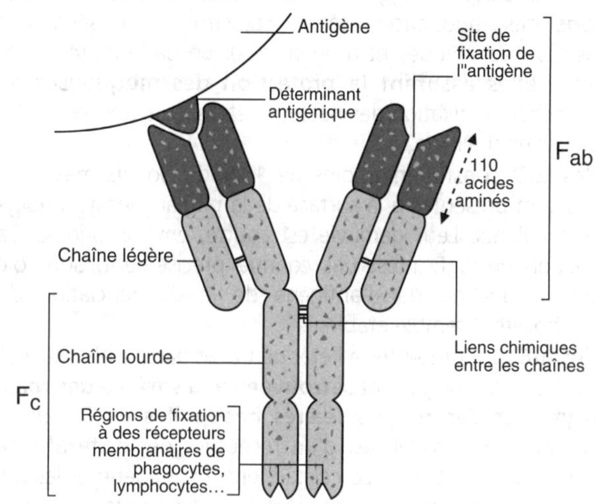

La molécule présente une symétrie **bilatérale** ; elle est formée de quatre chaînes d'acides aminés (2 chaînes lourdes et 2 chaînes légères) dont l'assemblage évoque la forme d'un Y. Ces chaînes sont reliées par des ponts disulfures. La reconnaissance de l'antigène dépend des extrémités terminales des « bras » du Y ; celles-ci sont variables d'un anticorps à l'autre et comportent chacune une fente qui peut s'associer à une région déterminée de l'antigène à condition que les formes et les affinités chimiques se complètent. La configuration de la fente, site de fixation de l'antigène, dépend de la nature des acides aminés constituant les domaines variables. Ceux-ci diffèrent d'un anticorps à l'autre et en expliquent la grande diversité.

Chaque anticorps ne peut reconnaître qu'**un seul déterminant antigénique**, ses deux sites de fixation de l'antigène étant identiques.

Il existe cinq types principaux : A, D, E, G, M, qui peuvent être distinguées biochimiquement et fonctionnellement :

• **les IgG sont les immunoglobulines majoritaires** du sérum normal. Elles sont appelées gammaglobulines. Elles représentent 75 % des Ig totales (de 8 à 18 g/L dans le sérum) et sont réparties uniformément dans les compartiments intra- et extravasculaires. Leur demi-vie est de 21 jours. Leur fonction essentielle est la neutralisation des toxines bactériennes. Ce sont les seules immunoglobulines capables de traverser le placenta afin d'assurer une défense immunitaire au nourrisson durant les 5 premiers mois de la vie. Elles ont le pouvoir de fixer le complément et de passer par diffusion passive dans les sécrétions. Elles constituent la classe majoritaire lors de la réponse secondaire ;

- **les IgM** représentent 10 % des Ig totales (1 à 2 g/L dans le sérum). Ce sont les **plus volumineuses** des immunoglobulines, constituées de cinq unités élémentaires. Les IgM, essentiellement confinées au compartiment intravasculaire, à la surface des lymphocytes B, sont majoritaires lors de la réponse primaire anti-infectieuse. Ce sont des anticorps agglutinants et cytolytiques ;
- **les IgA** représentent 15 à 20 % des Ig sériques (3,5 à 4,5 g/L). Les IgA sont présentes dans le sérum (IgA circulantes) mais surtout les IgA sont **majoritaires dans les sécrétions** des muqueuses (salive, colostrum, lait, sécrétions nasales, bronchiques et urogénitales), on parle d'IgA sécrétoires. **Elles assurent la protection des muqueuses** en empêchant la fixation des bactéries et de leurs toxines sur les cellules épithéliales ;
- **les IgD** constituent moins de 1 % des Ig plasmatiques. Elles sont présentes à la surface de la plupart des lymphocytes circulants. Leur demi-vie est courte, environ 3 jours. La fonction de l'IgD n'est pas connue précisément. Son rôle dans l'induction par l'antigène de la différenciation du lymphocyte B semble établi ;
- **les IgE** sont présentes à l'état de traces dans le plasma (0,1 à 0,7 mg/L). Les IgE sont **retrouvées à la surface des mastocytes et des polynucléaires basophiles** du fait de la présence sur ces cellules d'un récepteur de haute affinité pour cette classe d'Ig. Le contact entre l'antigène et les IgE ainsi fixées provoque la dégranulation des mastocytes et la libération massive d'histamine. Les IgE jouent un rôle dans l'immunité antiparasitaire contre les helminthes (ascaris, oxyures, ténias) **et dans les réactions d'hypersensibilité immédiate (allergies)** (cf. p. 105).

Production des anticorps, coopération cellulaire

(Voir p. 96 le « Schéma récapitulatif de la réaction immunitaire à médiation humorale ».)

Les anticorps circulants spécifiques d'un antigène n'apparaissent que plusieurs jours après l'introduction de celui-ci dans l'organisme. Certains lymphocytes B se transforment en plasmocytes pour sécréter les anticorps circulants correspondant à leurs récepteurs membranaires après avoir reconnu l'antigène spécifique de ces récepteurs.

Phase d'induction

La production des anticorps commence par la fixation d'un déterminant antigénique sur un récepteur membranaire d'un LB, **c'est la reconnaissance de l'antigène par le LB et ce premier signal sélectionne un clone de LB spécifiques de l'antigène**.

Phase d'amplification

Les LB sélectionnés auront recours à l'intervention d'autres cellules immunocompétentes, les LT CD4, pour se multiplier et se différencier ; c'est **la coopération cellulaire indispensable au développement de la réponse immunitaire spécifique**. L'intervention des LT CD4 pour les antigènes dits « thymodépendants » est indispensable pour que se développe la réaction humorale.

Les lymphocytes T 4 reconnaissent le déterminant antigénique associé aux molécules du CMH de classe II à la surface des macrophages *(voir p. 74)*, grâce à un récepteur spécifique appelé TCR (*T cell receptor*). Le LT CD4 ainsi activé synthétise une cytokine, **l'interleukine 2 (IL-2), qui favorise l'activation des LB**. C'est le second signal.

Il en résulte une prolifération par mitoses des LB sélectionnés ; c'est l'expansion clonale, qui est immédiatement suivie d'une phase de maturation ou différenciation au cours de laquelle les LB formés se transforment en plasmocytes d'une part, et en LB mémoires d'autre part.

Les plasmocytes et les LB mémoires sécrètent les mêmes anticorps codés par les mêmes gènes. La principale différence réside dans le fait que les anticorps des LB mémoires restent dans la membrane cellulaire (anticorps membranaires) alors que ceux des plasmocytes, produits en quantité très supérieure (2 000 par seconde), sont déversés dans le sang et dans la lymphe par exocytose. On parle d'anticorps circulants ou sériques.

La synthèse des Ig se fait selon le schéma général de la synthèse protéique, par transcription en ARN messager d'un gène puis par traduction et assemblage des chaînes au niveau du réticulum endoplasmique. La fixation des glucides sur la chaîne intervient juste avant l'excrétion de l'immunoglobuline. Chaque plasmocyte ne produit qu'un seul type d'anticorps, (même spécificité et même classe, identiques aux anticorps membranaires portés par les LB activés dont elles dérivent).

SYNTHÈSE DES IMMUNOGLOBULINES

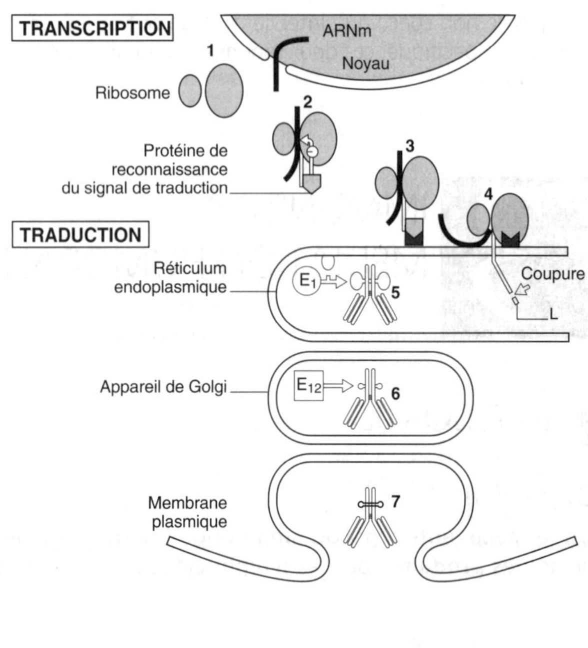

Fonctions effectrices des anticorps

Les immunoglobulines membranaires constituent les récepteurs pour l'antigène ; sur un lymphocyte, les Ig membranaires sont toutes identiques. Les lymphocytes B pourront reconnaître leur antigène spécifique grâce à ces anticorps membranaires. Les LB ainsi sélectionnés se transformeront en plasmocytes sécrétant des immunoglobulines sériques.

Les immunoglobulines sériques ont pour principal rôle de se fixer spécifiquement sur les antigènes qui ont induit la réponse immunitaire, et de conduire à la formation des complexes immuns ; **c'est la neutralisation du pouvoir toxique des bactéries, virus ou toxines** (site de fixation de l'antigène). La liaison spécifique antigène-anticorps se fait entre l'épitope (site antigénique) et le paratope (site complémentaire de l'immunoglobuline).

POUVOIR DE NEUTRALISATION

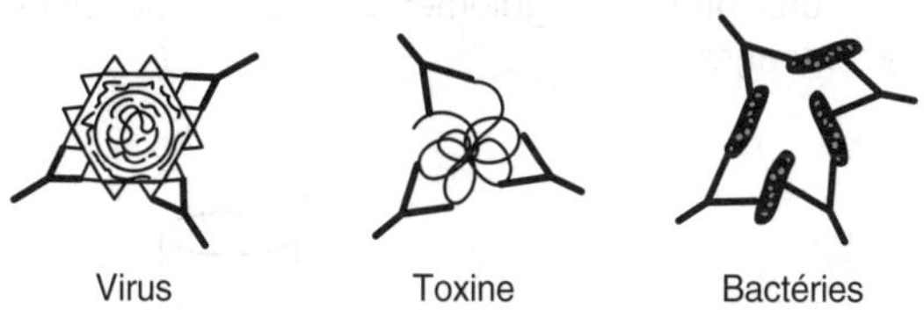

Ensuite, les Ig sériques vont recruter des cellules ou des molécules capables de détruire l'antigène, c'est une aide à la phagocytose (site de fixation à des phagocytes, *voir p. 91*).

AIDE À LA PHAGOCYTOSE

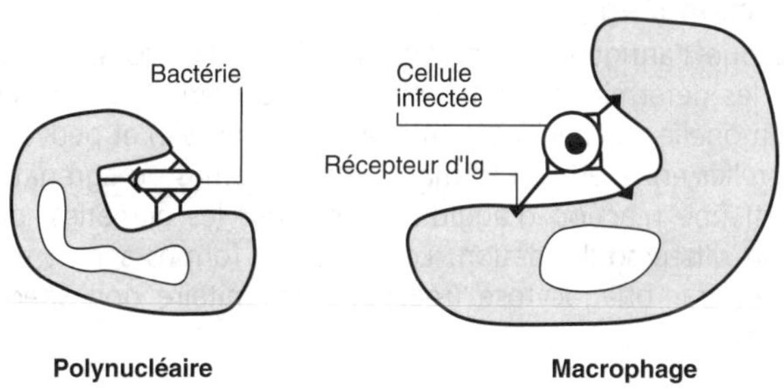

Par ailleurs les Ig sériques interviennent :

• **dans l'opsonisation**, c'est-à-dire dans l'adhésion du phagocyte à un antigène (bactérie par exemple), on parle d'anticorps opsonisants ou opsonines qui vont recouvrir la bactérie ; ceci permet la phagocytose de germes à capsule polysaccharidique (capsule qui empêche leur phagocytose directe, *voir p. 83*).

• **dans l'activation du système complément**, le complexe antigène-anticorps fixe le composant C1 du complément, entraînant l'activation globale des protéines du complément avec pour conséquence la formation de pores transmembranaires aboutissant à la lyse de la cellule porteuse du complexe immun (*voir p. 84*).

Anticorps chez le nouveau-né

Les organes secondaires, ganglions lymphatiques et rate, sont sous-développés chez le fœtus, sauf en cas d'exposition intra-utérine à des antigènes tels que le virus de la rubéole ou l'agent de la toxoplasmose. Les taux d'anticorps, à la naissance, sont relativement bas, excepté les IgG acquises par passage transplacentaire, dont le taux est équivalent à celui de la mère, le dépassant même parfois. Ces IgG maternelles ont une durée de vie courte, et le taux d'IgG sériques chute durant les trois premiers mois de la vie. Ensuite, le taux de sécrétion par le nourrisson dépasse rapidement le taux de disparition, et la concentration globale d'Ig s'élève rapidement et de façon continue. Les IgM atteindront le taux de l'adulte à l'âge de 9 mois ; on note des taux faibles d'IgM dans le sang du cordon, synthétisées par le fœtus. L'allaitement maternel permet de couvrir les muqueuses digestives d'IgA sécrétoires, de protéger l'enfant contre les infections à point de départ digestif et d'empêcher la pénétration par cette voie de substances allergisantes (d'où l'intérêt de l'allaitement maternel dans les familles où se développent des allergies).

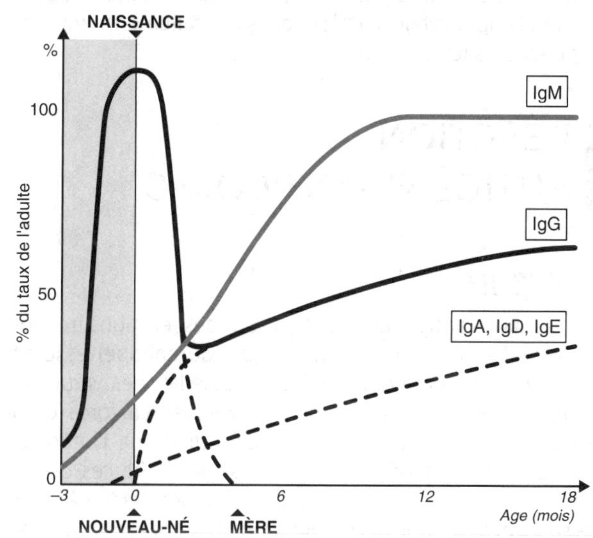

Anticorps polyclonaux et monoclonaux

Les anticorps monoclonaux sont issus d'une seule et même souche de lymphocytes B différenciés ou plasmocytes et présentent tous des caractères rigoureusement identiques, en particulier *la même étroite spécificité pour le même antigène*. Ils sont produits par des cellules hybrides résultant de la fusion entre un lymphocyte normal produisant des immunoglobulines d'une spécificité donnée et une cellule B myélomateuse (lymphocyte B mutant capable de se diviser indéfiniment).

Les lymphocytes B utilisés proviennent d'animaux immunisés avec l'antigène à détruire.

La cellule hybride possède les caractéristiques des deux cellules dont elle est issue :

- un pouvoir de prolifération illimité (caractéristique de la cellule myélomateuse) ;
- un pouvoir de sécrétion d'anticorps spécifiques (correspondant au lymphocyte d'origine).

En cultivant *in vitro* ces cellules hybrides, il se forme un clone de cellules identiques génétiquement. Toutes ces cellules sécrètent de grandes quantités d'anticorps spécifiques appelés anticorps monoclonaux.

L'intérêt de cette technique est de produire à volonté des anticorps spécifiques de l'antigène que l'on veut combattre.

Les anticorps monoclonaux ont différentes applications comme le diagnostic d'affections malignes lymphoïdes et myéloïdes, le sérotypage de micro-organismes, une immunisation passive (exemple, le basiliximab, Simulect®, anticorps contre le récepteur de l'IL-2), la détermination des groupes sanguins, la purification d'un antigène ou encore l'analyse de mélanges complexes d'antigènes.

Les anticorps polyclonaux représentent un *mélange d'anticorps variés*, correspondant à tous les antigènes rencontrés par un individu depuis sa naissance. Ils sont de spécificité variée et de typage A, D, E, M, ou G. On les retrouve dans le sérum. Les spécialités d'anticorps polyclonaux sont, par exemple, Thymoglobuline®, Lymphoglobuline®, globulines antilymphocytaires, utilisés dans les traitements immunosuppresseurs (cf. p. 116).

RÉACTION ANTIGÈNE-ANTICORPS

Spécificité

Les réactions antigènes-anticorps sont des réactions très spécifiques. Le déterminant antigénique (ou épitope) et le site anticorps (ou paratope) doivent posséder des *structures complémentaires capables de se combiner.* La force d'une liaison antigène-anticorps est appelé affinité de l'anticorps, elle représente la somme des forces faibles (forces de Van der Waals, forces électrostatiques, liaisons hydrogènes et liaisons hydrophobes, *voir Biochimie*) qui s'exercent entre l'antigène et l'anticorps. Ainsi les anticorps dirigés contre le virus de la rougeole se lient uniquement au virus de la rougeole et pas à des virus apparentés comme celui de la polio.

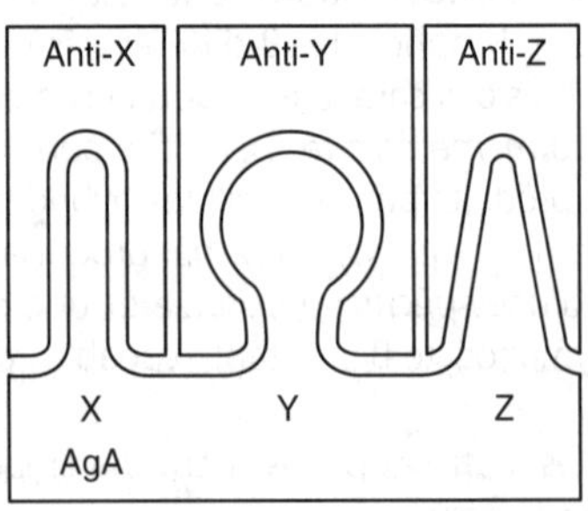

L'Antigène A(AgA) est immunisant, 3 anticorps (anti-X, anti-Y, anti-Z) montrent leur complémentarité.

Formation et devenir des complexes immuns

La propriété des anticorps est de se lier aux déterminants antigéniques formant ainsi le **« Complexe immun Antigène-Anticorps »**. L'antigène *est neutralisé,* c'est-à-dire inactif mais pas détruit. Selon la nature de l'antigène, on distingue différents types de réactions antigène-anticorps : Précipitation, Agglutination, Activation et lyse par le complément.

À l'issue d'une de ces réactions, le complexe antigène-anticorps sera détruit par phagocytose ou par l'action du complément. (ces deux mécanismes appartiennent à l'immunité non spécifique).

Réaction de précipitation

Lorsque l'antigène *est soluble* (une toxine bactérienne par exemple), et que l'anticorps est présent en excès, il se développe une réaction de précipitation avec formation d'agglomérats de complexes Ag-Ac qui deviennent insolubles. Il se forme un précipité. Ces agglomérats seront phagocytés par des macrophages.

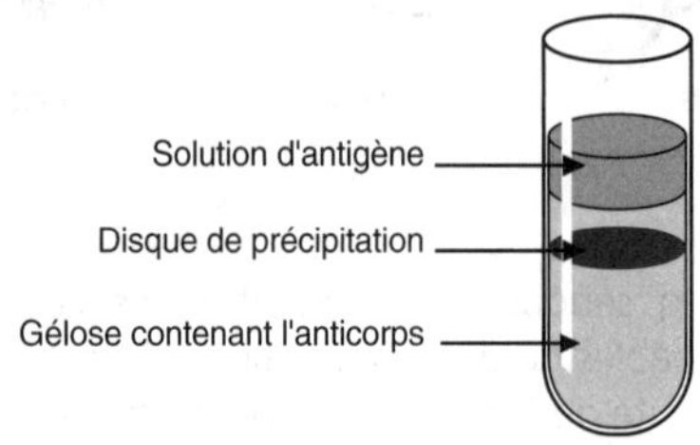

Réaction d'agglutination

Lorsque l'antigène *est particulaire*, les anticorps se fixent sur les déterminants antigéniques de bactéries ou cellules (salmonelle, colibacilles, hématies, par exemple) et peuvent les relier entre eux en formant ainsi des amas ou agrégats. C'est une réaction d'agglutination. Pour les hématies, on parle d'hémagglutination. Les agrégats formés seront éliminés par phagocytose (réaction immunitaire non spécifique).

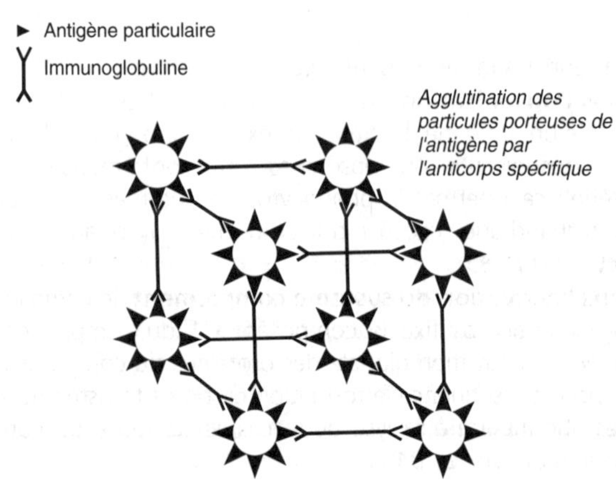

Réaction de lyse par le complément

En cas de complexes formés à la surface de cellules, les protéines du complément peuvent participer à la phase de destruction du complexe. Les protéines du complément vont être activées par les anticorps spécifiques fixés sur la bactérie ou la cellule étrangère. Par activation en cascade des protéines du complément, il y a formation du complexe d'attaque membranaire, nommé canal lytique et apparition de pores transmembranaires à la surface de la cellule. La cellule est perforée et se vide de son contenu, une entrée d'eau se produit, ce qui entraîne l'éclatement de la cellule. C'est la lyse cellulaire. Les débris seront phagocytés.

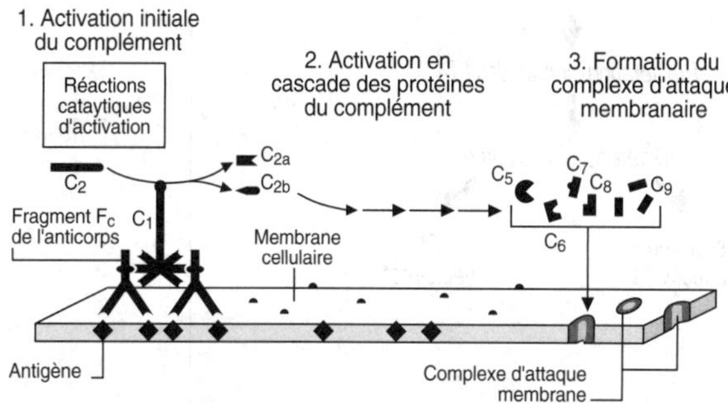

In vitro, ces réactions sont utilisées pour établir des sérodiagnostics dans de nombreuses pathologies *(voir ci-joint test ELISA)*.

SCHÉMA RÉCAPITULATIF DE LA RÉACTION IMMUNITAIRE À MÉDIATION HUMORALE

Voir schéma page 96.

DOSAGE DES ANTICORPS OU SÉRODIAGNOSTIC

Principe

Le diagnostic des maladies infectieuses se fonde sur deux types d'investigations :

• la recherche de l'agent pathogène responsable, dans les humeurs ou les tissus du malade, c'est le diagnostic direct ;

• la recherche de la réponse immunitaire spécifique de l'organisme à l'agent pathogène, c'est le diagnostic indirect. En effet, on peut révéler la réaction immunitaire développée par l'hôte en recherchant (diagnostic qualitatif) et en titrant (diagnostic quantitatif) les anticorps spécifiques apparus dans les humeurs, en particulier dans le sérum.

Ce diagnostic indirect ou sérodiagnostic se base sur la réaction immunitaire *à médiation humorale. Celle-ci ne se développe qu'à partir d'un délai de 8 à 10 jours*. En premier vont apparaître des IgM, qui seront remplacées assez vite par des IgG. Ainsi, la présence d'anticorps de classe IgM indique que l'infection est récente. Il existe beaucoup de sérodiagnostics, par exemple, sida, syphilis, typhoïde, paludisme, légionellose, salmonellose, infections à staphylocoques, infections à streptocoques du groupe A, hépatite, toxoplasmose et rubéole.

Les différentes techniques

Les anticorps sont recherchés, le plus souvent, dans le sang circulant après prise de 5 à 10 mL de sang. Il existe différentes techniques qui n'ont ni la même sensibilité, ni la même spécificité :

• précipitation en milieu liquide ou solide ;

• réaction d'agglutination (sérodiagnostic de Widal-Félix, test de Coombs pour les hématies : hémagglutination) ;

• fixation du complément (avec du complément actif) ;

• immunofluorescence directe (avec des réactifs immunofluorescents) ;

• immunoenzymologie (ELISA) ;

• radio-immunologie (avec des antigènes marqués).

Dans certains cas, la recherche du diagnostic nécessite la mise en œuvre de plusieurs techniques simultanément (syphilis) ou successivement (sida, hépatites).

EXEMPLE DE SÉRODIAGNOSTIC : LE TEST ELISA

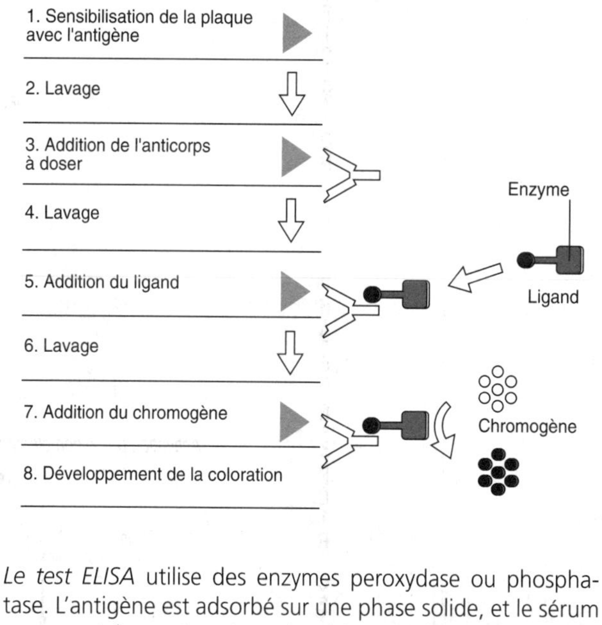

Le test ELISA utilise des enzymes peroxydase ou phosphatase. L'antigène est adsorbé sur une phase solide, et le sérum contenant les anticorps recherchés est ajouté. On ajoute ensuite le ligand composé d'une protéine G et d'une enzyme. Dans l'étape finale, on place un substrat chromogène qui est dégradé par l'enzyme en un produit coloré. La densité optique mesurée sera proportionnelle à la quantité d'anticorps fixé.

RÉACTION IMMUNITAIRE SPÉCIFIQUE À MÉDIATION HUMORALE

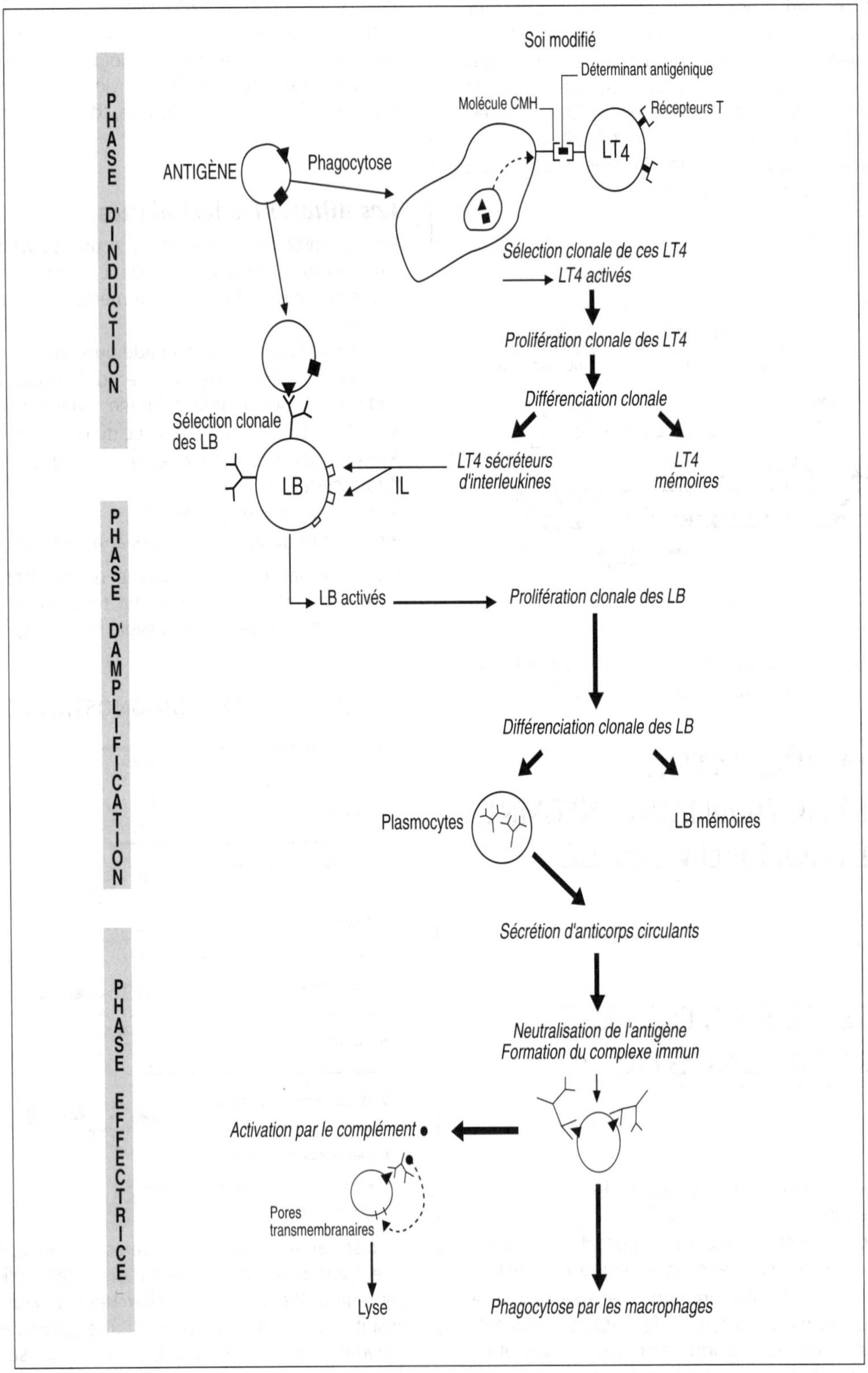

4 IMMUNITÉ À MÉDIATION CELLULAIRE

De nombreux micro-organismes vivent à l'intérieur des cellules de l'hôte, où il est impossible aux anticorps humoraux de les atteindre. Les parasites intracellulaires obligatoires, tels que les virus, doivent se répliquer à l'intérieur des cellules.

Un système d'immunité acquise, l'immunité à médiation cellulaire, permet de combattre efficacement ces micro-organismes, en lien avec l'immunité à médiation humorale.

La réaction immunitaire spécifique fait intervenir de façon directe les lymphocytes T. Ces derniers acquièrent leur immunocompétence dans le thymus. La réaction à médiation cellulaire met en jeu deux types de LT, les LT CD4 ou LT Helpers et les LT CD8 ou LT cytotoxiques. Les LT CD4 ont un rôle auxiliaire comme dans la réponse immunitaire à médiation humorale.

MODE D'ACTION DES LYMPHOCYTES T CYTOTOXIQUES

On retrouve trois phases *(voir p. 90)* dans le déroulement de la réaction immunitaire à médiation cellulaire *(voir plus loin « Schéma récapitulatif de la réaction immunitaire à médiation cellulaire »)*.

Phase d'induction

Elle correspond à la *reconnaissance du Soi modifié* qui entraîne la **sélection clonale et l'activation des LT cytotoxiques**.

Les LT CD8, comme tous les autres LT, reconnaissent les déterminants antigéniques (peptides étrangers ou anormaux du soi) présentés en association avec les molécules du système CMH par des cellules présentatrices d'antigènes, appelées CPA, par exemple des macrophages, des cellules infectées par des virus, ou des cellules greffées.

Cette reconnaissance se fait par les récepteurs T, présents à la surface des LT et possédant la double reconnaissance, qui se fixent sur le soi modifié. Cette fixation entraîne la *sélection d'un clone de LT8 spécifique* du déterminant antigénique.

La fixation, du récepteur T sur le Soi modifié, est le **premier signal nécessaire pour la sélection clonale** mais il ne suffit pas à déclencher l'activation des LT8. Il y a *nécessité d'une double stimulation* du LT8 comme dans le cas du LB dans la réponse à médiation humorale.

L'antigène est présenté aux LT4 par des macrophages. À la suite de la reconnaissance par fixation du Soi modifié sur les récepteurs spécifiques du LT4, ceux-ci sont sélectionnés et activés. Il s'ensuit une prolifération puis une différenciation clonale en LT 4 sécréteurs d'interleukines. Les interleukines sécrétées jouent le rôle de **second signal qui vont *activer les LT8 sélectionnés***.

On note donc la coopération cellulaire d'une part entre les macrophages et les LT 4, d'autre part entre les LT 4 et les LT 8.

Phase d'amplification

Elle se déroule par mitoses successives, c'est la *prolifération clonale* des LT CD4 et des LT CD8. Les LT4 forment une population de T4 mémoires et les LT8 vont ensuite se *différencier en LT cytotoxiques* ou lymphocytes tueurs (LTc).

Phase effectrice

Elle peut alors se dérouler. Les LTc, possédant les mêmes récepteurs que les LT CD8 sélectionnés, vont se fixer sur toutes les cellules présentant le déterminant antigénique reconnu par les LT CD8. À la suite de la fixation, les LTc libèrent par exocytose des molécules protéiques appelées *perforines* contenues dans les vésicules cytoplasmiques. Ces perforines s'associent entre elles pour former des pores dans la membrane de la cellule cible. Ces pores provoquent l'entrée d'eau et de sels minéraux ainsi que la fuite des composants de la cellule qui éclate : *c'est la lyse de la cellule antigénique*. Les débris cellulaires seront phagocytés.

SCHÉMA RÉCAPITULATIF DE LA RÉACTION IMMUNITAIRE À MÉDIATION CELLULAIRE

Voir schéma page 98.

5 MÉMOIRE IMMUNITAIRE

Les réactions immunitaires à médiation humorale et cellulaire, en plus de leur grande spécificité, génèrent, toutes deux, une mémoire de l'antigène rencontré. Lors d'un premier contact avec l'antigène, la réponse immunitaire est dite « réponse primaire ». Elle n'est pas très rapide à se mettre en place. Par contre, lors d'un deuxième contact, la réponse immunitaire dite « réponse secondaire » se développe de manière plus intense et plus rapide.

RÉACTION IMMUNITAIRE SPÉCIFIQUE À MÉDIATION CELLULAIRE

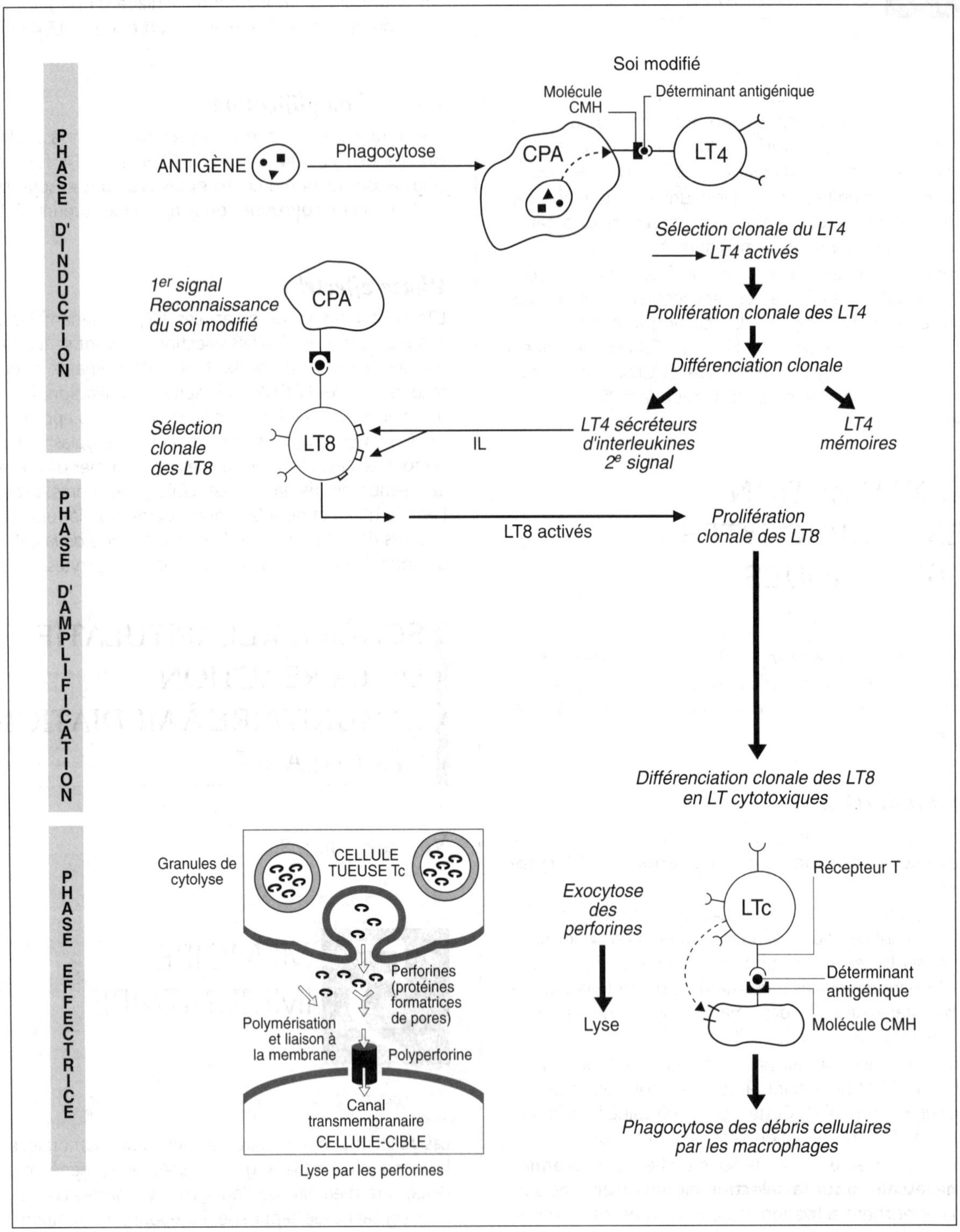

RÉPONSE PRIMAIRE

On distingue trois phases dans la **réponse primaire** (voir courbe ci-dessous) :

• la phase de latence, durant laquelle aucun anticorps n'a été sécrété. Cette période est courte, quelques jours seulement, elle correspond au temps nécessaire à la phagocytose de l'antigène par les macrophages, à l'étape de reconnaissance de l'antigène par les lymphocytes B spécifiques et à la transformation de ces cellules en plasmocytes, cellules sécrétrices d'anticorps ;

• la deuxième phase est une phase de croissance du taux des anticorps. Le taux global d'anticorps atteint son maximum entre le 12e et le 15e jour avec une production d'IgM dans un premier temps suivi d'une sécrétion d'IgG ;

• la troisième période correspond à la phase de décroissance du taux des anticorps qui persisteront souvent longtemps, plusieurs mois dans l'organisme. Si l'antigène est d'origine virale, les anticorps pourront être détectés indéfiniment.

Les courbes de réponse primaire varieront en fonction de la nature de l'antigène et de l'organisme qui le reçoit.

RÉPONSE SECONDAIRE OU ANAMNESTIQUE

ÉVOLUTION DU TAUX PLASMATIQUE DES ANTICORPS DANS LA RÉPONSE PRIMAIRE ET DANS LA RÉPONSE SECONDAIRE

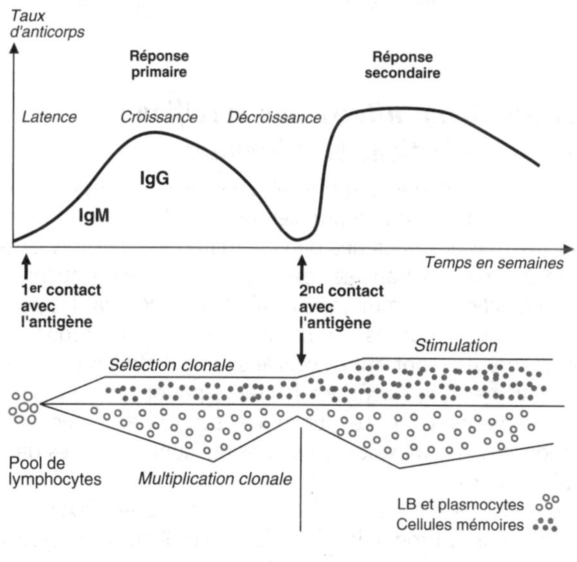

Lors d'un deuxième contact avec le même antigène, on obtient une réponse secondaire dans laquelle :

• la phase de latence est nettement plus brève ;

• le taux d'anticorps croit beaucoup plus rapidement ;

• le taux maximum d'anticorps est plus élevé et se maintient plus durablement dans cette seconde stimulation ;

• les anticorps produits sont des IgG.

La réaction secondaire s'observe le plus souvent avec des antigènes de nature protéique. Les cellules à mémoires activées (LB, LT CD4) sont maintenues par une stimulation récurrente de l'antigène. Elles présentent une plus grande affinité pour l'antigène. Entre le premier contact et le second contact avec l'antigène, il peut s'écouler des mois, voire des années. C'est le cas dans les injections de rappel de vaccination recommandés tous les 5 ou 10 ans selon les vaccins et qui ont pour objectif de remettre en mémoire l'antigène au système immunitaire.

L'acquisition d'une mémoire immunitaire s'explique par le fait que, au cours de la phase d'amplification de la réponse dite primaire, de nombreux lymphocytes arrêtent leur différenciation et deviennent des lymphocytes à longue vie ou cellules à mémoire (LT CD4 ou LB mémoires) qui poursuivent leur circulation dans l'organisme.

Ainsi, le nombre de cellules capables de réagir contre l'antigène mémorisé est-il considérablement augmenté, et la réponse immunitaire peut intervenir, en cas de besoin, avant la dissémination de l'agent pathogène dans l'organisme.

6 TOLÉRANCE IMMUNITAIRE

La tolérance immunitaire est l'inhibition spécifique et centrale des réponses immunitaires vis-à-vis d'un antigène, consécutive à un contact préalable avec cet antigène. Cette tolérance immunitaire permet la tolérance vis-à-vis des auto-antigènes, des allogreffes et des tumeurs.

TOLÉRANCE NATURELLE

Le système immunitaire ne s'attaque pas à lui-même sauf erreur ou pathologie. **Notre capacité de différenciation entre le Soi et le Non-Soi est apprise ou encore acquise** et non pas innée. Cet apprentissage commence dès la mise en place des premiers lymphocytes chez l'embryon et se poursuit toute la vie.

C'est la théorie de sélection clonale émise par Burnet en 1958. Tous les lymphocytes passent par une phase d'éducation, les LB dans la moelle osseuse et les LT dans le thymus.

Si, au début de la vie fœtale, une des cellules immunocompétentes se trouve en contact avec son antigène stimulateur, elle est détruite, c'est la **sélection clonale**, ou inactivée, **c'est l'anergie**. (L'organisme possède donc des lymphocytes naturels auto-réactifs, qui interviendront dans les dysfonctionnements immunitaires, *voir p. 107.*) L'individu devient progressivement tolérant aux composants de son propre organisme et peut faire la différence entre le Soi et le Non-Soi, grâce à son **répertoire immunologique**, c'est-à-dire à l'ensemble des lymphocytes spécifiques de son

Non-Soi, qui s'est établi lors du développement de son système immunitaire.
Pour les lymphocytes B, la tolérance du Soi est due à l'antigène lui-même. Les lymphocytes B qui reconnaissent l'antigène ne subissent pas de maturation et seront donc incapables de produire des anticorps. Pour les lymphocytes T, l'absence de réaction immunitaire serait due à l'action des lymphocytes T suppresseurs qui produisent des facteurs suppresseurs spécifiques.

TOLÉRANCE ACQUISE OU INDUITE

C'est la perte momentanée de la faculté de synthétiser des anticorps contre un antigène donné. Cette tolérance est induite par l'administration d'antigène et ne perdure pas indéfiniment.
Plusieurs mécanismes peuvent en être la cause ;
• un effet de la dose d'antigène, lorsque la dose d'antigène est faible ou au contraire forte, les réponses immunitaires diminuent et puis cessent ;
• un rôle du macrophage : si l'antigène, du fait de sa configuration, ne peut être capté par le macrophage, il n'y a pas déclenchement de la réaction immunitaire.

La tolérance pourra aussi être induite par l'injection de substances immunosuppressives. Ce sont des produits diminuant les réponses immunitaires, utilisés dans le traitement de pathologies immunitaires, en particulier les maladies auto-immunes et dans la prévention des rejets de greffes.

CAS PARTICULIER DE LA TOLÉRANCE IMMUNITAIRE DE LA FUTURE MÈRE

Quand un embryon se développe, cinq ou six jours après sa conception, l'œuf se greffe sur les tissus de l'utérus maternel et y pénètre ; c'est la nidation. Certaines de ces cellules forment un tissu, le trophoblaste, qui donnera naissance au placenta, organe d'échanges, de nutrition et de respiration. La mère tolère cette pénétration tissulaire de façon remarquable. L'œuf n'est pas tout à fait étranger à la mère, il en est le fils mais l'œuf reçoit autant d'antigènes de sa mère que de son père, la mère devrait donc rejeter ceux qui viennent du père.
Le mécanisme de la tolérance immunitaire dans la grossesse trouve son explication dans la présence de l'antigène **HLA-G**. Cette molécule, ou marqueur du Soi, est principalement exprimée dans les cellules trophoblastiques (placenta) infiltrant le tissu maternel. Son expression crée un équilibre dans la relation fœto-maternelle en inhibant l'action des cellules immunitaires maternelles. La molécule inhibe l'activité cytotoxique des cellules NK infiltrant le tissu maternel et inhibe la prolifération des lymphocytes spécifiques. Cet antigène HLA-G est appelé **l'antigène de tolérance.**
Une connaissance approfondie du gène HLA-G devrait permettre l'utilisation des propriétés immunomodulatrices de la protéine HLA-G, soit en l'induisant afin de diminuer des échecs de grossesse ou des rejets de greffes d'organes, soit en la bloquant afin de permettre l'action du système immunitaire visant à détruire des cellules tumorales ou infectées par des virus.

7 IMMUNITÉ ANTI-INFECTIEUSE

L'immunité anti-infectieuse met en jeu des réactions immunitaires non spécifiques et spécifiques qui aboutissent à la destruction des particules antigéniques d'origine bactérienne, virale ou même parasitaire.

IMMUNITÉ ANTI-BACTÉRIENNE

La défense contre les bactéries pathogènes fait intervenir des mécanismes non spécifiques et spécifiques variés. Le devenir d'une bactérie dans l'organisme variera selon sa localisation intra- ou extracellulaire et selon la réactivité immunitaire de l'hôte.

Réponse immunitaire non spécifique dans les infections bactériennes

La peau et les surfaces épithéliales, les facteurs physiques et chimiques constituent le premier système de protection limitant l'entrée des bactéries dans l'organisme. Une fois cette première barrière franchie, on observera le développement d'une réaction inflammatoire locale *(voir p. 82)* par les polynucléaires neutrophiles, les monocytes et les macrophages. Les phagocytes sont attirés vers le site de l'infection par chimiotactisme. Ils se fixent aux bactéries par opsonisation, par les récepteurs C3b. Les bactéries sont phagocytées par l'action des enzymes des lysosomes qui sont déversées dans le phagosome.
L'ensemble de cette réaction non spécifique est favorisé et amplifié par la production, par les macrophages, de cytokines, en particulier l'interleukine 1 ou IL-1.

Réponse immunitaire spécifique dans les infections bactériennes

L'immunité spécifique antibactérienne met en jeu tant les processus à médiation humorale que les processus à médiation cellulaire. **Les deux types coexistent** toujours lors d'une infection bactérienne mais, pour **les bactéries à développement extracellulaire** (bactéries endocellulaires), il y aura **prédominance de la réaction à médiation humorale** et, pour **les bactéries à développement intracellulaire, ce sera surtout une réponse à médiation cellulaire.**

Dans la plupart des cas, la réaction immunitaire non spécifique ne parvient pas à éliminer complètement la bactérie ; et les macrophages, riches en débris bactériens issus de leur phagocytose, vont présenter ces fragments bactériens antigéniques aux lymphocytes B et aux lymphocytes T4, jouant ainsi leur rôle de cellules présentatrices d'antigènes ou CPA :

• la différenciation des lymphocytes B activés aboutit à la formation de plasmocytes sécrétant de nombreux anticorps. Ces anticorps agissent différemment selon la nature de l'antigène et selon les étapes de l'infection :
- les IgA sécrétoires activent le complément ;
- les anticorps opsonisants jouent un rôle dans la phagocytose, favorisant l'étape d'adhérence ;
- les anticorps neutralisants bloquent l'activité bactérienne, par exemple dans le cas du tétanos, de la diphtérie ou du botulisme, ils inhibent l'action des toxines bactériennes. Le complexe « antigène bactérien - anticorps neutralisants » sera soit phagocyté par les macrophages, soit lysé par les facteurs du complément ;

• les lymphocytes T 4 activés stimulent la multiplication et la différenciation des lymphocytes T 8 spécifiques. Ceux-ci exercent leur action cytotoxique sur les bactéries endocellulaires comme le bacille de la lèpre. Cette immunité cellulaire antibactérienne s'accompagne d'une hypersensibilité retardée vis-à-vis du bacille infectant.

IMMUNITÉ ANTIVIRALE

Les réactions du système immunitaire contre les virus appartiennent à deux catégories : les réponses non spécifiques, semblables pour tous les virus, et les réponses spécifiques, adaptées à chaque virus. Dans la plupart des cas, la réponse immunitaire contrôle puis élimine complètement l'infection, de sorte que, chez la majorité des individus, le virus ne persiste pas.

Première ligne de défense : l'immunité non spécifique

L'infection débute lorsqu'un virus envahit quelques cellules dans lesquelles il se réplique. Trois systèmes sont alors activés : **la réponse inflammatoire, la production d'interférons et le système du complément.** La réponse inflammatoire implique les polynucléaires neutrophiles, les monocytes et les macrophages qui exercent leur rôle de phagocytose. Les interférons induisent au sein des cellules un état de résistance antivirale, par inhibition de la traduction des ARN messagers viraux, ce qui bloque la synthèse des protéines à action cytotoxique. L'activation du complément entraîne la lyse des cellules infectées.

IMMUNITÉ NON SPÉCIFIQUE ANTIVIRALE

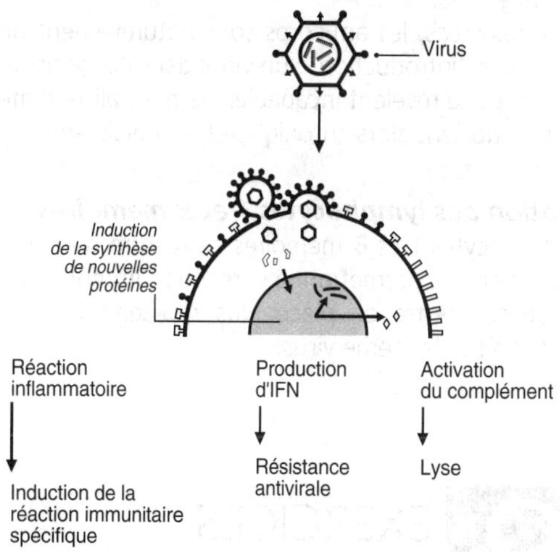

Immunité spécifique

Réaction à médiation cellulaire

Les réactions spécifiques du système immunitaire se mettent ensuite en route en commençant par la réaction à médiation cellulaire. Les virus ayant une multiplication intracellulaire, ce type d'immunité joue un rôle prépondérant.

Phase d'induction : les antigènes viraux dégradés par la cellule présentatrice d'antigène CPA (le macrophage) sont présentés aux lymphocytes T4 ou Th, en association avec une molécule du CMH de classe II, et aux lymphocytes T 8 en association avec une molécule du CMH de classe I. Dans les deux cas, les lymphocytes **reconnaissent le complexe antigène viral - protéine du CMH** grâce à leur récepteur spécifique TCR.

Phase d'amplification : les lymphocytes T 4 et T 8 sont donc les premiers à être stimulés et à se multiplier. Les lymphocytes T 8 représentent la catégorie la plus importante quantitativement et qualitativement dans la réponse immunitaire antivirale et sont les acteurs principaux responsables de la disparition du virus de l'organisme. Le nombre de lymphocytes T 8 ou T cytotoxiques spécifiques d'un virus donné augmente 20 à 30 fois en 6 à 8 jours.

Phase effectrice : les lymphocytes cytotoxiques envahissent le tissu infecté et provoquent la lyse des cellules infectées.

Réaction à médiation humorale

La réponse spécifique comprend également une réaction à médiation humorale. C'est la différenciation des lymphocytes B en plasmocytes **produisant des anticorps** dirigés contre l'antigène viral qu'ils ont reconnu. Les lymphocytes B reconnaissent les antigènes viraux grâce à leur IgM de surface, et cette reconnaissance les stimule. De plus, leur multiplication est activée par les lymphocytes T4 qui sécrètent des interleukines IL-4 et IL-6 ; c'est la coopération cellulaire.

Les anticorps se fixent sur les virus circulants et les neutralisent en les agrégeant. Ils favorisent ainsi leur élimination en permettant la phagocytose des « complexes antigènes viraux-anticorps » par les macrophages. Les anticorps, surtout des IgA, empêchent la pénétration virale dans les cellules mais restent en revanche sans effet sur l'infection déclenchée.

Dans certains cas, les anticorps sont naturellement produits en réponse à l'introduction d'un virus dans l'organisme, mais ces anticorps se révèlent incapables de neutraliser l'infection. L'infection devient alors chronique et/ou persistante.

Formation des lymphocytes T et B mémoires

Des lymphocytes T et B mémoires sont formés et persistent plusieurs années, permettant à la réaction immunitaire spécifique de se mettre en place plus rapidement en cas de ré-infection par le même virus.

8 EXERCICES D'APPLICATION

QUESTIONS

1. Cochez la ou les affirmations exactes.

On appelle antigènes des molécules complexes capables d'engendrer une réponse immunitaire. On distingue deux types de réactions immunitaires spécifiques :

a) l'immunité à médiation humorale qui entraîne la production de cellules tueuses
b) l'immunité à médiation humorale qui entraîne la production d'anticorps
c) l'immunité à médiation cellulaire qui entraîne la production d'anticorps
d) l'immunité à médiation cellulaire déclenchée par de petites molécules

La réaction à médiation humorale :

a) est appelée ainsi car elle dépend d'hormones
b) neutralise ses cibles grâce à des molécules solubles, les anticorps
c) détruit les antigènes par l'action de cellules tueuses
d) agit surtout en cas d'antigènes bactériens

Si on injecte des bacilles tuberculeux à une souris :

a) la souris forme des anticorps qui neutralise le bacille
b) la souris développe majoritairement une réaction immunitaire à médiation cellulaire
c) la souris synthétise des IgG spécifiques du bacille tuberculeux
d) on observe une réaction à médiation humorale

Les anticorps :

a) peuvent se fixer à 2 antigènes de nature différente
b) sont spécifiques d'un site antigénique donné
c) sont exclusivement des molécules solubles circulantes
d) sont les seuls effecteurs des réactions immunitaires spécifiques
e) sont sécrétés par un clone de plasmocytes

2. Expériences sur des cobayes : cochez la ou les bonnes réponses.

Pour déterminer si une réaction immunitaire est à médiation humorale ou cellulaire, on utilise un cobaye A immunisé contre un antigène mortel X. On injecte à un cobaye B la substance X et du sérum prélevé sur le cobaye A et sur un cobaye C, on injecte la substance X et des cellules de ganglions lymphatiques.

a) Si, après injection de sérum, le cobaye B survit, l'immunité est à médiation cellulaire.
b) Si le cobaye C survit, l'immunité est à médiation humorale.
c) Si le cobaye B survit, l'immunité est de type humorale.
d) Si le cobaye B meurt, l'immunité est de type cellulaire.

3. Complétez les phrases suivantes à l'aide des mots suivants : antigène, anticorps, agresseur, spécifique, immunitaire, complexe, pathogène, infectieux, plasma, phagocytose.

Un micro-organisme est (1) quand il déclenche une maladie (2). Les mécanismes de (3) contre un (4) font appel au système (5). Dans le cas d'une défense (6) contre un (7), il y a sécrétion de (8) circulant dans le (9). La formation d'un (10) entre (11) et (12) neutralise (13) et aide à la (14).

4. La réponse immunitaire humorale non spécifique, dans le cas de la défense antivirale, produit de l'interféron.

a) Quelle est la nature de l'interféron ?
b) À quel moment est-il sécrété ?
c) Quel est son mode d'action sur le virus ?

5. Le diabète insulinodépendant (DID) est une maladie auto-immune ; l'organisme produit des anticorps qui détruisent les cellules bêta des îlots de Langerhans sécrétrices d'insuline (hormone hypoglycémiante).

a) Indiquer le nom des cellules qui produisent les anticorps, ainsi que leur lieu de production et de maturation.
b) Indiquer la nature chimique des anticorps.
c) Citer les 5 classes d'immunoglobulines.
d) Quelle est la catégorie d'Ig qui intervient dans les allergies ?
e) Quelle catégorie d'Ig trouve-t-on dans la salive ?
f) Soit le schéma de l'immunité spécifique suivant :

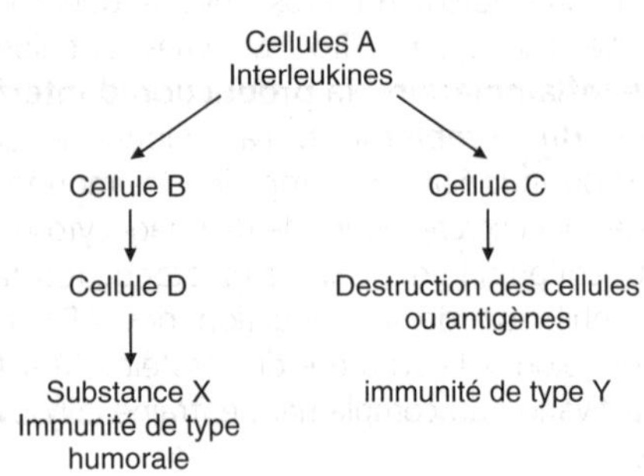

α) remplacer dans le schéma les cellules A, B, C, D, substance X et Y par leur nom ;
β) donner le rôle des cellules A et B ;
γ) quelle est la cellule attaquée par le VIH ?

6. Comparez l'immunité à médiation humorale et cellulaire, en complétant le tableau suivant.

	Immunité humorale	Immunité cellulaire
Cellules		
Antigènes		
Mode d'action		
Reconnaissance de l'antigène		
Coopération cellulaire		

7. L'enfant Gaétan (7 ans) présente l'hémogramme suivant. Quelle conclusion en tirez-vous ?
– Polynucléaires neutrophiles : 1 952/mm^3
– Lymphocytes : 3 650/mm^3
– Monocytes : 540/mm^3
– IgE totales : 280 UI/mL.

RÉPONSES

1. Immunité : b), d). Réaction à médiation humorale : b), d). Injection de bacille : a), c), d). Anticorps : b), e).
2. Expérience sur des cobayes : c), d).
3. (1) : pathogène. (2) : infectieuse. (3) : défense. (4) agresseur. (5) : immunitaire. (6) : spécifique. (7) : antigène. (8) : anticorps. (9) : plasma. (10) : complexe. (11) : anticorps. (12) : antigène. (13) : antigène. (14) : phagocytose.
4. a) Glycoprotéine. b) Sécrété en cas d'infection. c) Agit directement sur les virus en bloquant leur cycle de multiplication virale.
5. a) Les LB différenciés = plasmocytes, production et maturation dans la moelle osseuse. b) Protéines. c) IgG, IgE, IgD, IgA, IGM. d) IgE. e) IgA. f) α) A : LT4 ; B : LB ; C : LTc ; D : plasmocyte ; X : anticorps ; Y : cellulaire. β) Cellule A : activation des LT et LB ; cellule B : différenciation en plasmocytes sécrétant les anticorps. γ) La cellule attaquée par le VIH est le LT4.
6.

	Immunité humorale	Immunité cellulaire
Cellules	LB et LT4	LT4 et LT8
Antigènes	Substances solubles et bactéries	Virus, cellules greffées, cellules cancéreuses, bactéries endocellulaires
Mode d'action	Sécrétion d'anticorps, formation de complexes immuns	Action cytotoxique par les perforines
Reconnaissance de l'antigène	Simple et directe des déterminants antigéniques	Double, les déterminants antigéniques associés aux molécules du CMH
Coopération cellulaire	LT4 et LB, par la sécrétion d'interleukines (IL4 et IL5)	LT4 et LT8, par la sécrétion d'interleukines par les T4 (IL2)

7. L'enfant présente un taux d'IgE très supérieur à la normale (taux normal < 100 UI/mL de 4 à 8 ans). C'est le signe d'une réaction d'hypersensibilité de type I ou allergie

IMMUNOPATHOLOGIES

Le système immunitaire neutralise et élimine les éléments étrangers à l'organisme ou antigènes grâce à des défenses élaborées, et il n'est pas surprenant qu'une machine aussi complexe soit sujette à des dérèglements. Lorsque le système immunitaire développe des réactions immunitaires excessives, ce sont les hypersensibilités ou les pathologies auto-immunes. Par contre, si le système immunitaire offre une réponse faible à l'antigène, on observe des déficits immunitaires.

1 RÉACTIONS D'HYPERSENSIBILITÉ

Quand un individu a été immunologiquement stimulé, un nouveau contact avec l'antigène entraîne une relance secondaire de la réponse immunitaire. Cependant **la réaction peut être excessive et conduire à des lésions tissulaires**. On parle de réactions d'hypersensibilité ou d'un état d'hypersensibilité.
L'hypersensibilité est une réponse immune démesurée ou inappropriée ; réactions le plus souvent contre des antigènes habituellement inoffensifs, tel le pollen dans le cas du rhume des foins.
Les réactions d'hypersensibilité ont été classées par Gell et Coombs en fonction de la vitesse de réaction et du mécanisme impliqué.

TYPES D'HYPERSENSIBILITÉ (HS)

Hypersensibilité de type I *ou allergie immédiate,* HS *de type* I

Elle survient chez des sujets prédisposés par un terrain dit atopique, dans les minutes qui suivent la rencontre avec l'antigène. L'allergie est liée à la **production excessive d'immunoglobulines E (IgE)** spécifiques d'allergènes divers, le plus souvent inhalés ou ingérés. Les symptômes qui peuvent alors apparaître sont respiratoires, tels la rhinite, une toux spasmodique ou l'asthme, oculaires comme une conjonctivite, digestifs, tels des vomissements, des douleurs abdominales, des diarrhées, ou enfin cutanés avec l'œdème de Quincke, des dermatites atopiques, l'urticaire.
On estime que, dans les pays occidentaux, 15 à 20 % des individus sont atteints d'allergie immédiate.

Hypersensibilité de type II *ou cytotoxique,* HS *de type* II

Elle est liée à des anticorps (IgM, IgG) qui se fixent sur des antigènes exprimés constitutivement ou adsorbés passivement sur la membrane des cellules de l'organisme. Ces anticorps induisent la destruction des cellules en activant le système du complément et/ou par l'opsonisation des phagocytes. On observe cette réaction dans les hémolyses post-transfusionnelles et dans la maladie hémolytique du nouveau-né.

Hypersensibilité de type III *ou semi-retardée,* HS *de type* III

Elle est causée par le *dépôt de complexes antigènes-anticorps dans les tissus et les vaisseaux*. Les pathologies relevant d'une hypersensibilité de type III sont des pneumopathies (liées à l'inhalation répétée d'antigènes organiques chez les éleveurs d'oiseaux ou liées à l'injection de certains médicaments), des néphropathies car le dépôt est particulièrement important au niveau des sites de filtration tel le glomérule rénal. Dans le cas de néphropathies ou vascularites, on parle de maladies sériques car les dépôts de complexe antigène-anticorps se forment dans la circulation avant de se déposer dans les tissus.

Hypersensibilité de type IV *ou retardée,* HSR *de type* IV

Elle survient plus de 24 heures après la rencontre avec l'antigène. Elle est dépendante des lymphocytes T 4, ou T helpers sensibilisées par l'antigène qui libèrent des cytokines, attirant et activant les macrophages. Ceux-ci provoquent des lésions tissulaires qui peuvent dégénérer en réactions granulomateuses chroniques si l'antigène persiste. Ce type d'hypersensibilité est observé dans les eczémas de contact ou par ingestion, dans certaines dermatoses, dans des urticaires chroniques ou allergies microbiennes.

LES QUATRE TYPES DE RÉACTIONS D'HYPERSENSIBILITÉ

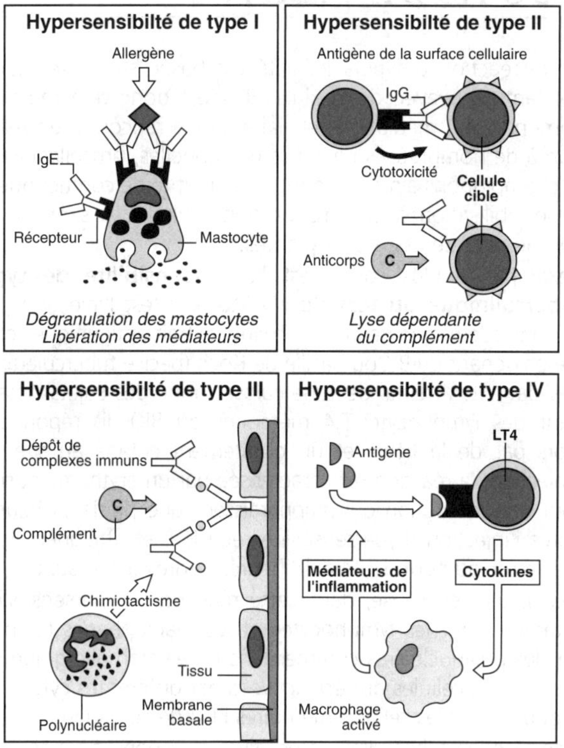

ALLERGIE IMMÉDIATE OU HS DE TYPE I

Définition

L'allergie se définit comme un ensemble de manifestations cliniques liées à une réponse immunitaire, à médiation humorale, anormale de l'organisme. Lors de l'introduction de substances non toxiques, il apparaît une réponse immunitaire excessive ou inadaptée, spécifique de l'antigène, et ne survenant que chez un petit nombre d'individus.

Ces individus sont génétiquement prédisposés par un terrain dit atopique, ce terrain étant caractérisé par une production exagérée d'IgE en réponse aux stimulations par les allergènes. Le caractère génétique de l'atopie a été mis clairement en évidence. Lorsque les deux parents sont atteints de la même allergie, l'enfant a un risque de développer cette allergie de 80 % plus élevé.

Mécanisme

C'est un mécanisme en deux temps :

• **la sensibilisation,** ou premier contact avec l'antigène, est le processus au cours duquel un individu développe une réponse de type IgE spécifiques d'un allergène. Ces IgE se fixent sur les mastocytes tissulaires et les polynucléaires basophiles du sang. Les cellules devenues porteuses d'IgE sont dites sensibilisées ;

• la réaction allergique se produit lors des contacts ultérieurs ; l'allergène parvenu au niveau des cellules sensibilisées est capté par les IgE membranaires spécifiques. **La dégranulation** qui s'ensuit, libère des médiateurs de l'allergie tel l'histamine, des facteurs chimiotactiques, responsables des troubles observés.

DÉVELOPPEMENT DE LA RÉACTION ALLERGIQUE, DYSFONCTIONNEMENT PAR EXCÈS DU SYSTÈME IMMUNITAIRE

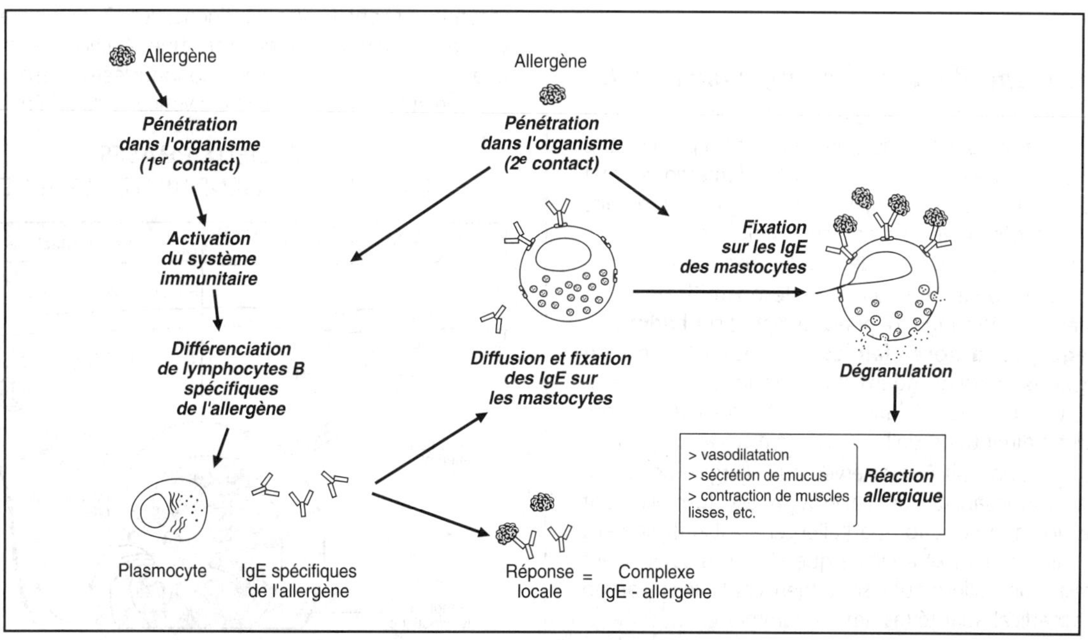

Acteurs de l'hypersensibilité immédiate

Les acteurs de l'hypersensibilité immédiate sont :

- **les IgE**, anticorps synthétisés et excrétés par les lymphocytes B et les plasmocytes à IgE. Les IgE ne traversent pas le placenta et n'activent pas le complément. On trouve des IgE dans le sérum ainsi que dans certaines sécrétions (salive, sécrétions nasales, urines, selles). Les IgE sont capables de se fixer sur la membrane des polynucléaires basophiles et des mastocytes, cette fixation prolongeant leur demi-vie, qui peut alors dépasser 3 ou 4 semaines, et leur permettant d'exercer leurs fonctions ;
- **les polynucléaires basophiles,** cellules de la lignée granulocytaire qui sont essentiellement des cellules du sang circulant. Les granulations intracytoplasmiques contiennent de l'histamine qui sera expulsée lors de l'activation des basophiles ;
- **les mastocytes**, cellules dont les précurseurs médullaires sont communs aux cellules de la lignée macrophagique. Ces précurseurs peuvent être détectés dans le sang, les organes lymphoïdes centraux et périphériques. C'est au niveau de ces organes que s'effectue leur maturation en mastocytes. Les mastocytes produisent les médiateurs classiques de l'inflammation, histamine et prostaglandines, mais aussi des cytokines comme les interleukines 1, 3, 4 et 5, le GM-CSF et le TNF.

Des réactions allergiques aiguës parfois graves

Les médiateurs ont une action inflammatoire (œdèmes, boutons, rougeurs), une action sur les cellules sécrétrices de mucus (rhinites) et sur les muscles lisses (contractions spasmodiques de l'asthme). La réaction peut demeurer localisée dans la zone de pénétration de l'allergène ou se généraliser, notamment si l'allergène pénètre dans la circulation sanguine, c'est le choc anaphylactique. L'anaphylaxie est une réaction systémique généralisée de type I contre un allergène, qui s'accompagne d'une chute de pression artérielle et de complications pulmonaires et cardiovasculaires. Chez l'homme, cela se produit chez un individu sensibilisé après contact par exemple avec du venin d'hyménoptères.

Traitement spécifique de l'allergie immédiate

La meilleure solution est toujours d'éviter d'être en contact avec l'allergène. C'est une solution qui peut être très simple à mettre en œuvre lorsque l'allergène est un animal domestique (chat par exemple) ou lorsque l'allergène est d'origine alimentaire (poissons, crustacés), mais l'éviction sera difficile quand l'allergène se trouve dans l'air ou dans les sols (acariens, pollens).

Dans ce cas, on peut proposer une **désensibilisation** ou immunothérapie spécifique. Le principe repose sur **l'administration régulière, à doses faibles et croissantes, du ou des allergènes correspondant au malade**. La désensibilisation induit un état de tolérance du sujet aux allergènes ou, au moins, une diminution de la sensibilité à ces allergènes.

La désensibilisation doit être réservée aux allergies de type I, lorsque la responsabilité de l'allergène est formellement prouvée et lorsque l'éviction de l'allergène est difficilement réalisable. Elle ne peut être initiée que chez des sujets dont les manifestations allergiques sont bien contrôlées par un traitement médical adapté (asthme notamment).

HYPERSENSIBILITÉ RETARDÉE OU HS DE TYPE IV

Cette réaction d'hypersensibilité est basée sur l'interaction de l'antigène avec des cellules T, c'est donc une réaction immunitaire à médiation cellulaire. On la rencontre en réaction à de nombreuses bactéries (salmonelles, brucelles) virus et champignons ainsi que dans la dermatite de contact due à la sensibilisation à certains produits chimiques simples, et dans le rejet de tissus transplantés.

L'exemple le plus connu est **l'hypersensibilité de type tuberculinique ou test de Mantoux**. C'est l'injection par voie intradermique de la tuberculine (extrait antigénique soluble provenant du BK ou bacille de Koch (bacille tuberculeux) à des patients atteints de tuberculose (donc des sujets possédant des lymphocytes T 4 mémoires du BK). Ils répondent alors par de la fièvre et un gonflement cutané au site de l'injection, la réaction est caractérisée par un érythème et surtout une induration qui n'apparaissent que plusieurs heures après l'injection (hypersensibilité retardée) et atteignent leur maximum au bout de 24 à 48 heures, régressant ensuite.

Les cellules en cause, dans cette réaction d'hypersensibilité retardée, sont les lymphocytes et les macrophages (et non pas les polynucléaires comme dans la réaction allergique de type I). Ces cellules ont été activées par différentes cytokines produites par les cellules mémoires LT 4 de ce patient.

Une réaction tuberculinique positive correspond à un contact antérieur avec le BK soit par la maladie, soit par la vaccination.

L'hypersensibilité de contact produit une réaction de type eczémateuse (eczéma de contact) qui est maximale dans les 48 heures qui suivent le contact avec l'antigène. Celui-ci peut être une grosse molécule ou un haptène (par exemple le nickel) qui se combine aux protéines de l'organisme et les modifie. Les cellules effectrices (monocytes et macrophages, lymphocytes T, cellules de Langerhans dans la peau) captent ces antigènes et les présentent aux lymphocytes T dans les ganglions. Après une seconde rencontre avec l'antigène, les LT sensibilisés migrent vers les sites cutanés, produisant une réaction caractérisée par une infiltration de cellules mononucléées, associées à un œdème et la formation de micro vésicules dans l'épiderme.

LES DEUX PHASES
DANS L'HYPERSENSIBILITÉ RETARDÉE

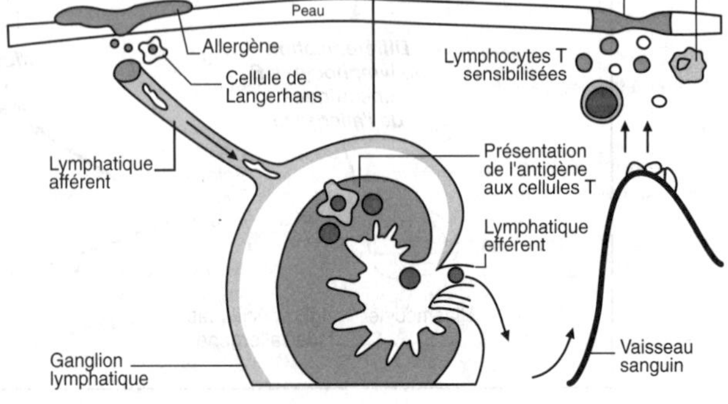

2 MALADIES AUTO-IMMUNES

DÉFINITION

Généralement, l'organisme ne déclenche pas de réaction immunitaire contre lui-même. Dans une maladie auto-immune (MAI), **le système immunitaire du malade présente une agressivité vis-à-vis de ses propres constituants**, les défenses immunitaires sont dirigées contre certains éléments du Soi. **Il y a rupture de la tolérance au Soi.**

L'analyse sérique révèle la présence d'auto-anticorps (anticorps contre Soi), dont la cible est un organe ou une molécule déterminée.

Les organes atteints sont infiltrés par des lymphocytes B sécréteurs d'anticorps (appelés *auto-anticorps*), et/ou des lymphocytes T cytotoxiques ; tous ces lymphocytes sont appelés lymphocytes *auto-réactifs*.

Il y a, chez tout individu bien portant, des clones de lymphocytes auto-réactifs, c'est-à-dire capables de reconnaître des antigènes autologues (antigènes appartenant à l'individu lui-même) :

• d'une part, des lymphocytes B auto-réactifs, surtout localisés dans les organes lymphoïdes secondaires, qui ne produisent pas d'auto-anticorps dans les circonstances physiologiques normales ; mais, s'ils sont stimulés spécifiquement, ils sécrètent des auto-anticorps de forte affinité pour les auto-antigènes ;

• d'autre part, des lymphocytes T auto-réactifs, ayant échappé à la sélection intrathymique (destruction des lymphocytes correspondant au Soi) mais qui sont normalement tolérants aux auto-antigènes.

La maladie auto-immune risque de survenir quand les lymphocytes auto-réactifs perdent leur tolérance à l'égard de leur auto-antigène spécifique.

MALADIES AUTO-IMMUNES

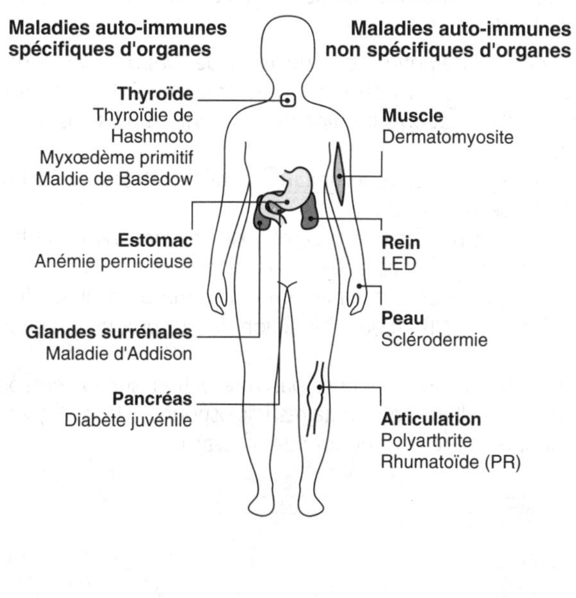

On distingue :

• **les maladies auto-immunes spécifiques d'organes**, où la réaction est dirigée contre des tissus particuliers, par exemple les anticorps anti-cellules du pancréas dans le cas du diabète ou les anticorps anti-thyroglobuline dans la thyroïdite ;

• **les maladies auto-immunes non spécifiques d'organe dans lesquelles la réaction est dirigée contre des auto-antigènes** répandus dans tout l'organisme, par exemple l'ADN dans le cas du lupus érythémateux disséminé.

FACTEURS DÉCLENCHANT L'AUTO-IMMUNITÉ

Les maladies auto-immunes résultent vraisemblablement de l'association de plusieurs facteurs, des facteurs génétiques, des facteurs hormonaux, une mauvaise régulation du système immunitaire et un dérèglement interne de l'organe cible.

Le risque de voir ces facteurs se combiner augmente avec l'âge, ce qui explique la fréquence plus grande de beaucoup de ces maladies chez les personnes d'âge mur.

L'existence de facteurs génétiques est mise en évidence par l'observation de cas familiaux de maladies auto-immunes comme le lupus érythémateux disséminé ou la polyarthrite rhumatoïde. Les molécules du CMH pourraient intervenir directement dans l'origine des maladies auto-immunes, en particulier les allèles codés par les locus B et DR.

La forte prédominance féminine des maladies auto-immunes, en particulier des maladies non spécifiques d'organes, montre l'influence des sécrétions hormonales ovariennes sur les réactions auto-immunes.

PRINCIPALES MALADIES AUTO-IMMUNES

Tout organe peut être la cible d'une auto agression. Les principales maladies auto-immunes sont :

Maladie	Cible	Conséquences
Diabète juvénile, DID	Cellules des îlots de Langerhans, insuline	Hyperglycémie
Maladie de Basedow	Récepteurs de l'hormone TSH, Hormone stimulant la thyroïde	Hyperthyroïdie
Myasthénie	Récepteurs de l'acétylcholine	Faiblesse musculaire, paralysie
Anémie hémolytique	Érythrocytes	Anémie
Anémie pernicieuse (Biermer)	Cellules gastriques pariétales	Anémie, troubles gastriques et nerveux, achlorhydrie
Sclérose en plaques	Myéline des centres nerveux	Troubles du système nerveux

Maladie	Cible	Conséquences
Polyarthrite rhumatoïde	Immunoglobulines IgG, cartilages, noyaux	Rhumatismes articulaires
Lupus érythémateux disséminé (LED)	ADN, immunoglobulines	Érythème, lésions rénales, articulaires, musculaires...
Thyroïdite de Hashimoto	Thyroglobuline, microsomes	Insuffisance thyroïdienne
Maladie d'Addison	Cellules cortico-surrénaliennes	Insuffisance surrénalienne chronique

ÉTUDE D'UNE MALADIE AUTO-IMMUNE : LA POLYARTHRITE RHUMATOÏDE (PR)

Définition

La polyarthrite rhumatoïde (PR) est le plus fréquent des **rhumatismes inflammatoires chroniques.** Cette pathologie touche environ 5 % de la population, 4 fois plus souvent la femme que l'homme. Elle peut survenir à n'importe quel âge mais surtout entre 35 et 55 ans. Sa gravité est la conséquence de l'inflammation chronique de la membrane synoviale articulaire qui entraîne progressivement une destruction de l'os et du cartilage, responsable de l'atteinte fonctionnelle.

Physiopathologie

On classe la PR dans les maladies auto-immunes en raison *des signes biologiques d'auto-réactivité.* Les signes immunologiques sont caractérisés par la présence de facteurs rhumatoïdes qui sont des auto-anticorps dirigés contre le site de fixation Fc des IgG. On trouve également des auto-anticorps antinucléaires et des anticorps anti-ADN.

Les pannus (tissus inflammatoires granuleux) formés dans la PR sont riches en LT4 mémoires qui expriment des marqueurs d'activation et contribuent à la sécrétion de cytokines IL-17, interféron g. Secondairement, ces lymphocytes sécrètent l'IL-1, le TNF et l'IL-6, qui activent les cellules mésenchymateuses. Celles-ci libèrent des enzymes (de type protéases) responsables des effets de dégradation articulaire. Tout ceci révèle une hyperactivité du système immunitaire, caractéristique d'une maladie auto-immune.

La capsule articulaire s'épaissit et devient douloureuse et raidie.

Plusieurs facteurs favorisants ont été identifiés ; des facteurs *hormonaux* avec une nette prédominance féminine durant la grossesse ; des facteurs *génétiques* portant sur les gènes CMH, DR4 et DR1, et des facteurs *environnementaux* car on suspecte, sans pouvoir l'affirmer, l'intervention d'antigènes infectieux bactériens ou viraux.

INFLAMMATION DANS LA SYNOVIALE : APPARITION DE PANNUS

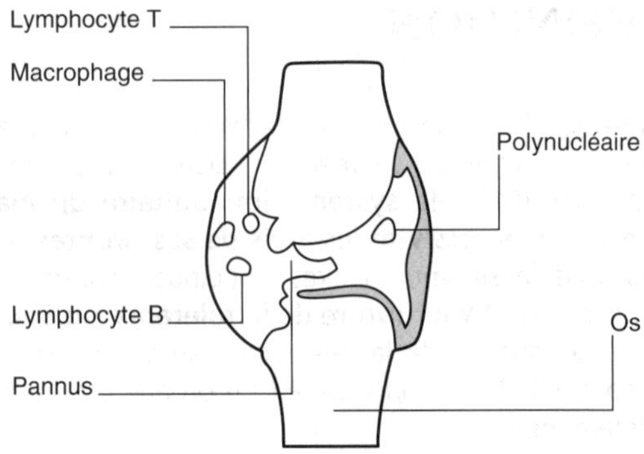

Symptômes

L'inflammation peut se manifester de façon progressive ou de façon aiguë. Les articulations les plus touchées sont celles des mains et des pieds. La douleur articulaire peut persister toute la nuit et la raideur articulaire dure parfois plus de 30 minutes le matin. Lorsque les lésions articulaires sont graves, les articulations sont tellement enflées et douloureuses qu'il devient impossible de marcher correctement, de s'habiller ou de faire la cuisine.

Traitements

Les traitements symptomatiques ont pour but de **soulager les douleurs**. On utilise :

- les antalgiques purs comme le paracétamol, l'aspirine ;
- des anti-inflammatoires non stéroïdiens à doses élevées (indométacine) ;
- la corticothérapie avec le Cortancyl® ou le Solupred® ;
- plus rarement une corticothérapie en intraveineuse, le Solu-Médrol®.

Plusieurs traitements de fond issus de l'immunologie sont prescrits. Ils doivent être instaurés précocement ; ils améliorent l'inflammation sanguine et retardent les érosions articulaires :

- le méthotrexate, Ledertrexate® à faibles doses (beaucoup d'effets secondaires) ;
- des anticorps monoclonaux, par exemple anti-TNFα, (Infliximab, Remicade®) ; ou anti-IL-1 (Anakinra, Kineret®) ;
- par l'apport de cytokines anti-inflammatoires avec l'IL-4, IL-10, IL-13, IFNβ ou par l'induction de leur production endogène ;
- des immunosuppresseurs par une action sur le métabolisme des cellules immunitaires (ciclosporine, Néoral® ; azathioprine, Imurel® ; léflunomide, Arava®).

3 DÉFICITS IMMUNITAIRES

On appelle déficit immunitaire ou immunodéficience l'insuffisance d'une ou plusieurs fonctions du système immunitaire entraînant des manifestations pathologiques.

Les défaillances portent aussi bien sur l'immunité non spécifique avec la phagocytose, que sur l'immunité spécifique avec défaillance des processus humoraux ou cellulaires.

On distingue les déficits primaires ou congénitaux et les déficits secondaires ou acquis.

DÉFICITS IMMUNITAIRES CONGÉNITAUX

Ce sont les premiers déficits immunitaires qui ont été décrits, ils sont rares chez l'homme. Le déficit porte sur l'une ou l'autre des parties du système immunitaire : déficit en polynucléaires neutrophiles, diminution du nombre de lymphocytes B donc carence en anticorps, diminution du nombre de certaines populations de lymphocytes T ou dysfonctionnement du système d'activation du complément.

Dans tous les cas, les antécédents familiaux doivent être soigneusement recherchés, en particulier l'existence d'affections auto-immunes dans la famille.

Chez l'enfant ou l'adulte, on suspectera un déficit immunitaire en cas d'infections répétées et graves, répondant mal aux traitements. Ce sont des infections touchant l'appareil respiratoire quand le déficit concerne l'immunité humorale, et plutôt des infections mycosiques comme des candidoses quand le déficit porte sur l'immunité cellulaire.

Exemple de déficit en lymphocytes B *: l'agammaglobulinémie infantile de type* Bruton

Cette affection est héréditaire et n'atteint que les garçons (1 cas pour 100 000 naissances). Les premières manifestations se révèlent entre 9 mois et 2 ans devant la répétition des infections bactériennes dans la sphère ORL ou respiratoire. Les infections virales ne sont ni plus graves, ni plus fréquentes que chez les autres enfants.

Les tests biologiques montrent un grave déficit en lymphocytes B et en plasmocytes. Les examens immunologiques montrent le taux très bas des cinq classes d'immunoglobulines avec absence d'anticorps naturels.

Le sujet devra recevoir toute sa vie des injections mensuelles de gammaglobulines, lui permettant d'assurer une prévention satisfaisante des infections.

Exemple de déficit en lymphocytes T *: le syndrome de* Di George

Par suite d'une malformation embryonnaire, des enfants naissent avec une hypoplasie (développement insuffisant du thymus et des glandes parathyroïdes). Le syndrome se révèle par une tétanie hypocalcique néonatale car les parathyroïdes ne régulent plus le taux de calcium sanguin (insuffisance en parathormone). Ultérieurement apparaissent des infections surtout virales et mycosiques, de gravité proportionnelle au déficit.

Les tests biologiques montrent un déficit grave en lymphocytes T, les lymphocytes B sont présents mais la concentration sérique d'anticorps est souvent abaissée en raison de l'absence de coopération cellulaire LT et LB.

L'évolution spontanée de cette maladie est la mort en quelques mois ou années ; seule une greffe de thymus d'un fœtus (contenant des lymphocytes immatures) permet la guérison.

DÉFICITS IMMUNITAIRES ACQUIS

Définition

La capacité de réponse immunitaire peut être déprimée de façon non spécifique par de nombreux facteurs :

- les déficits liés à la **malnutrition** sont très fréquents dans le monde, en particulier l'insuffisance de l'alimentation en protéines avec pour conséquence la baisse du taux d'anticorps ;
- les **maladies virales** dépriment l'immunité, c'est le déficit viro-induit. Les virus immunosuppresseurs sont divers, comme le virus de la rougeole, de la mononucléose, de la rubéole ou le virus herpès ; le plus notoire restant le virus de l'immunodéficience humaine ou virus du Sida ;
- **les cancers** peuvent affecter les cellules immunocompétentes. C'est le cas des affections lymphoprolifératives B telles que la leucémie lymphoïde chronique ou le myélome multiple ;
- enfin **certains traitements** ont pour conséquence une baisse de l'immunité, les rayons X, les médicaments cytotoxiques et les corticoïdes, utilisés dans les traitements immunosuppresseurs.

Exemple de déficit acquis : le Sida

Le Sida est dû au rétrovirus à ARN de l'immunodéficience humaine dont il existe deux variétés principales : le VIH-1 et le VIH-2. Le virus infecte les lymphocytes T 4 et les macrophages.

La maladie est transmise sexuellement, par du sang ou par des produits sanguins. Le virus peut également être transmis d'une mère infectée à son fœtus.

La maladie comporte des dysfonctionnements immunitaires étendus conduisant finalement à **un nombre de cellules T4 très bas**, ce qui aboutit à une dépression de l'immunité à médiation cellulaire, malgré le maintien du taux de lymphocytes T8 normal. Elle est marquée par l'apparition **de maladies « opportunistes »** qui profitent du déficit immunitaire pour s'installer, atteinte pulmonaire due à *Pneumocystis carinii*, mais aussi au cytomégalovirus, virus d'Epstein-Barr, ou à des champignons tels que *Candida*, *Aspergillus* et *Cryptococcus* ou encore à des protozoaires tels que *Toxoplasma gondii*. De plus, le virus HHV8 ou herpès virus humain induit une sensibilité exceptionnelle de ces malades au sarcome de Kaposi.

Le diagnostic du Sida (test ELISA, *voir p. 95*) repose sur la présence d'anticorps circulants anti-p24 (p24 est une protéine de la capside du VIH) et de protéines d'enveloppe (gp120 et gp 41). La mesure du taux d'ARN du VIH est le meilleur indicateur du développement d'infections opportunistes définissant le sida, et de la progression ultérieure de la maladie.

Le système immunitaire lutte activement contre le VIH, notamment par la formation des anticorps précités qui apparaissent tardivement quelques semaines à quelques mois après la contamination. Une personne, qui présente ces anticorps dans son sérum est dite séropositive. Ce terme de séropositivité n'est pas réservé au Sida, il s'emploie pour toutes les maladies infectieuses.

4 EXERCICES D'APPLICATION

QUESTIONS

1. Cochez la ou les bonnes réponses

L'allergie :

a) Au cours du premier contact avec l'allergène, les lymphocytes sécrètent massivement des IgA.
b) L'histidine intervient dans la réaction allergique.
c) La dégranulation des mastocytes entraîne la vasodilatation des capillaires.
d) C'est une réaction immunitaire de type humorale.

L'hypersensibilité retardée :

a) C'est l'hypersensibilité de type IV.
b) Elle fait intervenir les lymphocytes B et les macrophages.
c) C'est une réaction immunitaire de type cellulaire.
d) L'eczéma de contact est une hypersensibilité retardée.

Les maladies auto-immunes :

a) Le diabète de type II est une maladie auto-immune.
b) La sclérose en plaques est une maladie auto-immune.
c) Elles surviennent davantage chez la femme.
d) Les lymphocytes auto-réactifs sont toujours des lymphocytes T.

Le sida :

a) est dû à un rétrovirus à ARN ;
b) est un déficit immunitaire acquis ;
c) se caractérise par un déficit immunitaire de la réaction humorale.
d) La mère séropositive peut transmettre le virus à son fœtus.

2. Expériences sur des rats diabétiques

On observe, chez certains rats, un diabète presque identique au diabète de l'homme. Le rat BB est un rat mutant qui développe un diabète spontané. Une série d'expériences chez ces animaux montre que :

• l'ablation du thymus à la naissance empêche l'apparition du diabète chez le rat BB ;
• une injection de lymphocytes provenant du thymus de rat BB diabétique déclenche un diabète chez le rat sain ;
• le traitement par un immunosuppresseur, la ciclosporine, chez le rat BB empêche le diabète de se développer.

a) Analysez successivement ces expériences réalisées chez l'animal. Quel enseignement apportent-elles sur l'origine du diabète chez le rat BB ?
b) Une série d'observations chez les malades atteints de diabète juvénile montre :
– une destruction sélective des cellules β des îlots de Langerhans du pancréas ;
– la présence dans leur sérum, d'anticorps dirigés contre ces cellules β ;
– la présence des lymphocytes T dans les îlots de Langerhans au niveau des cellules β ;

Quelle est la conséquence de la destruction des cellules β ? La présence d'anticorps anti-cellules β est-elle normale ? Justifiez votre réponse.

c) À quelle catégorie de maladie ce diabète appartient-il ?

RÉPONSES

1. L'allergie : c), d). L'hypersensibilité retardée : a), c, d). Les maladies auto-immunes : b), c). Le sida : a), b), d).
2. a) Le fait que l'ablation du thymus empêche le développement du diabète montre que cet organe joue un rôle dans l'apparition de la maladie. Ce sont les lymphocytes contenus dans le thymus qui provoquent la maladie, puisqu'une injection de ceux-ci la déclenche. Or, on sait que la thymus contient les lymphocytes T. Cette idée est renforcée par le fait qu'un traitement immunosuppresseur empêche l'apparition de la maladie.

b) Les cellules β produisant l'insuline, leur destruction aboutit à l'absence de cette hormone dans le sang, et donc à une absence de régulation de la glycémie. Il est anormal de trouver des anticorps anti-cellules β dans le sang des malades. En effet, dans les cas normaux, seuls les anticorps dirigés contre les antigènes du Non-Soi sont produits. Il n'y a pas, dans l'organisme sain, d'auto-anticorps réactifs dirigés contre les éléments du Non-Soi (seuls existent des lymphocytes auto-réactifs).

c) Ce diabète fait partie des maladies auto-immunes.

APPLICATIONS MÉDICALES

Bien que le corps humain soit doté d'un système immunitaire performant, la vie quotidienne montre que certaines infections sont graves, voire mortelles. Il importe donc d'aider le système immunitaire lorsqu'il est inefficace ou défaillant.

Ces aides à la réponse immunitaire se sont développées à partir des progrès effectués par les chercheurs en microbiologie et en immunologie.

Aujourd'hui, *pour restaurer ou amplifier les défenses de l'organisme*, pour anticiper une éventuelle infection, la médecine peut agir à différents niveaux de la réponse immunitaire par la **vaccination, la sérothérapie, l'injection d'immunoglobulines ou de facteurs cellulaires et plus récemment la greffe de moelle osseuse.** Ce sont des techniques stimulant le système immunitaire.

Pour tempérer le fonctionnement du système immunitaire, on peut administrer différents ***immunosuppresseurs*** *tels* que la ciclosporine ou le tacrolimus, les inhibiteurs de la synthèse d'ADN, les anti-inflammatoires, les anticorps anti-lymphocytaires ou les antimitotiques ou alkylants.

1 VACCINATION

L'immunisation contre des maladies infectieuses représente l'une des grandes avancées de la médecine. Dans les pays développés, beaucoup de maladies épidémiques du passé sont aujourd'hui contrôlées, voire même éliminées (variole) et de nouveaux vaccins sont attendus, par exemple contre le VIH. La biologie des vaccins modernes est actuellement ciblée non seulement sur les maladies infectieuses mais aussi sur les maladies auto-immunes et les maladies malignes.

Dans les temps anciens, la vaccination trouve ses origines en Inde et en Chine, puis, au XVIIIe siècle, **Jenner**, médecin anglais, observe que des personnes guéries de la vaccine (maladie bénigne touchant le bétail et les personnes proches des animaux malades) ne sont jamais atteintes de la variole,

INTERVENTIONS MÉDICALES PAR DES IMMUNOSTIMULANTS SUR LE SYSTÈME IMMUNITAIRE

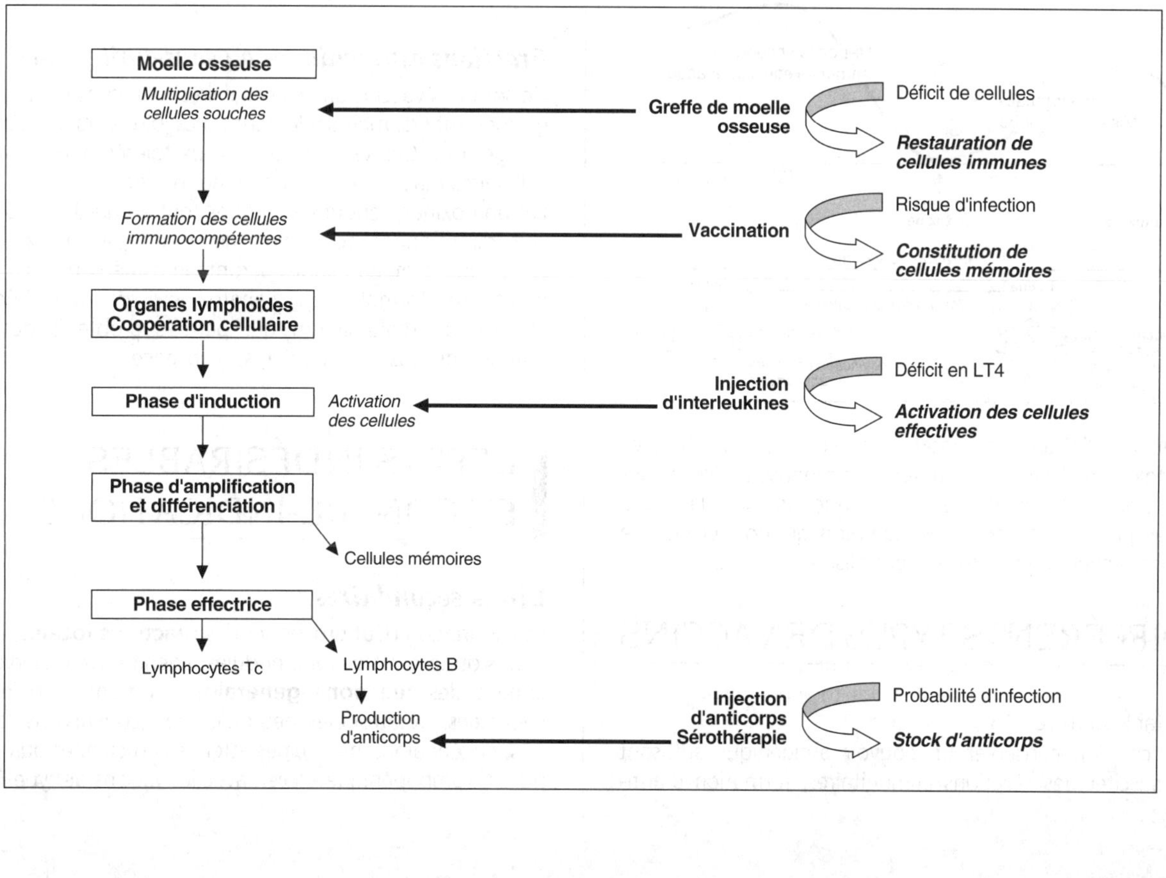

et il réalise la première vaccination d'enfants contre la variole en leur inoculant le contenu des pustules vaccinales.
Enfin, **Pasteur**, au XIXe siècle, révèle l'existence des microbes, et en particulier celle des virus, puis il démontre qu'il est possible de rendre quasiment inoffensif un microbe ou une toxine, tout en lui conservant sa capacité de déclencher une réponse immunitaire spécifique. C'est la découverte du premier vaccin vivant atténué contre la rage.

PRINCIPE

La vaccination d'un sujet provoque une réaction immunitaire, la réponse primaire, dont l'organisme garde mémoire. Cette réaction primaire est :

- **spécifique,** mettant en jeu les lymphocytes T effecteurs, les T cytotoxiques et les lymphocytes B ;
- **rapide** à se mettre en place ;
- **prolongée** par la formation d'une population de lymphocytes mémoires.

Par la suite, si le germe est de nouveau introduit dans l'organisme, il se développera une réponse secondaire :

- **rapide** à se mettre en place ;
- **protectrice**, visant à empêcher le développement de la maladie infectieuse contre laquelle le malade a été vacciné.

EXEMPLE GRAPHIQUE D'UNE VACCINATION PAR UNE ANATOXINE DIPHTÉRIQUE (TOXINE ATTÉNUÉE)

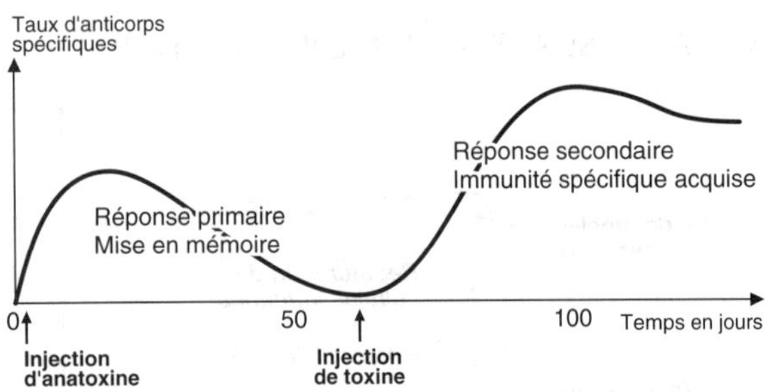

Préparation du vaccin

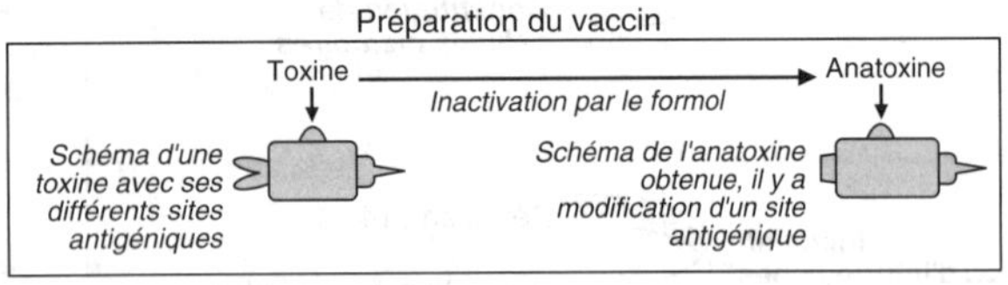

L'anatoxine diphtérique conserve certains sites antigéniques de la toxine diphtérique induisant une réponse anticorps primaire dirigée contre ces sites. Lors d'une infection, la toxine diphtérique va stimuler les LB mémoires qui donneront une réponse secondaire très forte, neutralisant la toxine.

DIFFÉRENTS TYPES DE VACCINS

Voir tableau page 113.
Le vaccin doit conserver un pouvoir antigénique suffisant pour susciter des réactions immunitaires, formation d'anticorps et mise en alerte des lymphocytes T, mais il doit être dénué d'un pouvoir infectieux ou toxique. L'inactivation peut être obtenue, soit **en tuant la bactérie ou le virus**, *vaccins inactivés tués*, soit **en atténuant son pouvoir infectieux**, *vaccins vivants atténués.*

Vaccins à micro-organismes tués

Ils sont obtenus par des techniques variables selon les agents pathogènes, telles que la chaleur, les radiations UV, le formaldéhyde ou la dessiccation. Il y a destruction de la capacité des microbes à déterminer une maladie tout en leur maintenant leur constitution antigénique. Ce sont des *vaccins immunisants sans risque.*

Vaccins vivants inactivés

L'objectif de l'atténuation est de produire un organisme modifié qui mime le comportement du microbe sans entraîner de pathologie. L'immunité conférée par ces vaccins est supérieure à celle apportée par les vaccins tués, car la réponse immunitaire prend sa place au site de l'infection naturelle.
On obtient une atténuation en laboratoire par repiquages successifs sur des milieux spécifiques (virus para-influenza de type B, BCG), par passages successifs sur des cultures cellulaires (rougeole, polio oral, fièvre jaune), par production de souches sensibles à une température > 37° (virus influenza A et B) ou par la technique de l'ADN recombinant. Dans cette dernière technique, il y a production de souches virales ayant subi la mutation de certains gènes conditionnant la pathogénicité (utilisée pour la rougeole, les oreillons, la rubéole) ; ces vaccins garantissent une innocuité parfaite.

Fractions antigéniques ou sous-unités vaccinales

Ce sont des vaccins dits « acellulaires » ne contenant plus de germes entiers, mais seulement un ou plusieurs antigènes de ces germes. Ces vaccins sont mieux tolérés que les vaccins cellulaires mais seraient un peu moins efficaces.
Les anatoxines, rendues atoxiques tout en gardant leur pouvoir immunogène, font partie de ce groupe. Les exotoxines diphtériques et tétaniques seront détoxifiées par un traitement au formol puis l'anatoxine sera absorbée sur l'hydroxyde d'aluminium qui permet d'obtenir des taux d'anticorps plus élevés qu'en son absence.

EFFETS INDÉSIRABLES ET CONTRE-INDICATIONS

Effets secondaires

La vaccination peut provoquer des **réactions locales**, immédiates ou tardives de type nodules, adénite. On observe également des **réactions générales**, syndrome fébrile avec céphalées, des troubles neurologiques (convulsions, paralysies, encéphalopathie…), des atteintes articulaires ou un purpura thrombopénique en lien avec les vaccins de type ROR.

Types	Vaccin antibactérien	Vaccin antiviral
Vaccins vivants atténués	Tuberculose (BCG)	Poliomyélite (oral) Rougeole-oreillons-rubéole (ROR) Fièvre jaune Para-influenza B Influenza A et B
Vaccins obtenus à partir d'agents pathogènes tués ou inactivés	Coqueluche Typhoïde Choléra	Grippe Rage Poliomyélite (vaccin injectable)
Fractions cellulaires Sous-unités	*Clostridium tetanii* *Corynebactérium diphtériae* *Streptocoque pneumoniae* *Salmonella typhi* *Neisseria meningitidis*	Hépatite B Influenza A

Contre-indications

Les vaccins sont **tous contre-indiqués en cas d'état infectieux**.

Les vaccins vivants atténués sont contre-indiqués en cas de déficit immunitaire congénital ou acquis, dont les infections à VIH et les traitements par immunosuppresseurs ou corticothérapie.

Certains vaccins, tels la rubéole ou la varicelle, sont contre-indiqués chez la femme enceinte ; la vaccination anti-rubéolique doit s'accompagner chez la femme, en période d'activité génitale, d'une contraception efficace.

Enfin les vaccins antiviraux préparés sur œufs embryonnés ou sur cultures cellulaires sont contre-indiqués chez les patients allergiques aux protéines de l'œuf où à la néomycine (anti-rougeoleux, anti-ourlien, anti-amaril, anti-grippal).

CALENDRIER VACCINAL EN FRANCE EN 2005

Dès le 1er mois	Tuberculose, vaccination obligatoire pour les enfants accueillis en collectivité.
À partir de 2 mois	Diphtérie, tétanos, coqueluche, poliomyélite, vaccinations obligatoires. Infections à *Haemophilus influenzae b*, 3 injections à un mois d'intervalle Hépatite B, 2 injections à un mois d'intervalle, la 3e entre 5 et 12 mois après la seconde injection
À partir de 12 mois	Rougeole, oreillons, rubéole, 2 injections à six mois d'intervalle
16-18 mois	Diphtérie, tétanos, coqueluche, poliomyélite et infections à *Haemophilus b*, 1er rappel
Entre 3 et 6 ans	Rougeole, oreillons, rubéole, 2e dose
Avant 6 ans	Tuberculose, BCG intradermique
6 ans	Diphtérie, tétanos, poliomyélite, 2e rappel
11-13 ans	Diphtérie, tétanos, poliomyélite, 3e rappel Coqueluche, 2e rappel Rougeole, oreillons rubéole : rattrapage Hépatite B : rattrapage Test tuberculinique
16-18 ans	Diphtérie, tétanos, poliomyélite, 4e rappel Rubéole, pour les jeunes femmes non vaccinées
À partir de 18 ans	Diphtérie, tétanos, poliomyélite, rappels tous les dix ans Rubéole, pour les jeunes femmes non vaccinées, en âge de procréer
À partir de 65 ans	Grippe tous les ans (car le virus subit des mutations)

2 SÉROTHÉRAPIE

DÉFINITION

Il s'agit d'une **immunité acquise passivement**. Les anticorps transmis passivement sont des immunoglobulines sériques provenant d'un autre organisme immunisé activement.

La sérothérapie apporte au moment opportun les éléments de défense dont le sujet a besoin, sans tenir compte du délai nécessaire pour l'apparition d'une réponse immunitaire efficace. L'effet d'une sérothérapie est brève car les IgG ont une demi-vie d'environ 3 semaines ; on estime qu'une sérothérapie est efficace pendant 15 jours.

Les anticorps transmis sont très efficaces dans les pathologies dues à une exotoxine comme la diphtérie ou le tétanos.

PRINCIPAUX PRODUITS UTILISÉS

On a longtemps utilisé des sérums animaux mais ils risquent d'induire des manifestations d'hypersensibilité, en réponse à l'introduction de protéines étrangères ; on leur préfère **des gammaglobulines humaines spécifiques**.

Les gammaglobulines humaines sont des préparations injectables riches en anticorps, préparées par fractionnement du plasma sanguin. On distingue :

- les gammaglobulines standards ou polyvalentes provenant d'un pool de donneurs et riches en anticorps variés spécifiques. Elles sont administrées en intramusculaire ;
- les gammaglobulines spécifiques provenant de donneurs spécialement immunisés, riches en anticorps d'une seule spécificité, par exemple les immunoglobulines anti-Rhésus.

INDICATIONS

Les indications des gammaglobulines sont :

- à titre *préventif* dans les maladies virales dans des collectivités exposées, chez les immunodéprimés (transplantés, leucémiques corticothérapie) ; et dans les maladies microbiennes en prévention du tétanos ou de la diphtérie ;
- à titre *curatif* dans les infections dues au virus herpès de la varicelle-zona, au virus de l'hépatite B ; suite à une morsure de serpent, de scorpion ou dans les infections banales récidivantes pulmonaires ou ORL ;
- à titre *substitutif* dans les déficits immunitaires (agammaglobulinémies ou hypogammaglobulinémies, *voir p. 105*) ou dans des maladies auto-immunes comme le purpura thrombopénique.

3 GREFFES ET TRANSPLANTATIONS D'ORGANES

La première transplantation d'organe **a eu lieu en 1955**, un rein transplanté entre deux jumeaux vrais montra qu'une transplantation était possible dès lors qu'il n'y avait aucune différence immunologique entre le donneur et le receveur.

Jusqu'en 1983, l'absence d'immunosuppresseurs ne permettait pas l'allogreffe, mais l'apparition à cette date de la ciclosporine a permis un développement important des transplantations. Peu à peu, d'autres molécules immunosuppressives sont apparues sur le marché et le nombre de transplantations d'organes ou de greffes de tissus augmente avec toutefois la limite des greffons disponibles, qui sont chaque année en nombre insuffisant.

DIFFÉRENTS TYPES DE GREFFES

Les greffons sont des **organes** tels que le cœur, le foie, le rein, le pancréas, le poumon ou l'intestin ou des **tissus** comme la cornée, des os, tendons, ligaments, la peau, des valves cardiaques, des vaisseaux ou **des cellules souches hématopoïétiques** comme les cellules du sang ou de la moelle osseuse. On distingue :

- l'autogreffe : le même individu est à la fois donneur et receveur ;
- l'isogreffe : la greffe est prélevée chez un donneur de constitution génétique identique à celle du receveur (jumeaux monozygotes) ;
- l'allogreffe : le greffon est prélevé chez un donneur de la même espèce que le receveur mais génétiquement différent ;
- la xénogreffe : dans ce cas, le greffon provient d'un donneur d'espèce différente, par exemple greffe de tissu de porc à l'homme.

RÉPONSE IMMUNITAIRE LORS D'UNE GREFFE

Qu'il s'agisse d'une greffe d'organe ou de tissus, les problèmes immunologiques engendrés dépendent des relations immunogénétiques entre le donneur et le receveur.

La réaction de rejet apparaît comme une réaction immunitaire principalement **à médiation cellulaire**. La réaction peut se produire dans le sens greffé-greffon ou dans le sens inverse greffon-greffé. Ce dernier cas, plus rare, est la réaction du greffon contre l'hôte appelée GVH (*graft versus host*). On l'observe lors de greffes de moelle osseuse allogéniques ou de greffes de peau.

Développement de la réaction immunitaire

Il s'effectue en plusieurs étapes :

- la présentation de l'antigène est le fait des macrophages du transplanté qui phagocytent les cellules du greffon et expriment les molécules de classe I du CMH du donneur à la surface de ces macrophages ;
- les cellules T du receveur jouent un rôle essentiel dans l'induction d'un rejet de greffe. Les LT helpers ou LT 4 du receveur sont stimulés par les déterminants antigéniques exprimés sur les macrophages (phase de reconnaissance) ; ils prolifèrent et induisent l'activation des cellules T cytotoxiques, les T 8 qui détruisent spécifiquement le greffon. Les cellules cytotoxiques reconnaissent spécifiquement les allo-antigènes de classe I du CMH ;
- la sécrétion de lymphokines (interleukines IL-2, IL-4, IL-5 et interférons γ) régule et amplifie la réaction ;
- la réaction de rejet s'accompagne d'une réaction inflammatoire locale provoquée par l'afflux de phagocytes (macrophages et polynucléaires neutrophiles).

Le rôle des anticorps est mal connu et semble plus accessoire, sauf dans le rejet hyper aigu.

Différentes formes de rejet de greffe

La première est **le rejet suraigu**, forme la plus dramatique mais exceptionnelle, survenant dans les minutes qui suivent la transplantation. Ce rejet est dû à la présence, chez le receveur, d'anticorps préformés dirigés contre des antigènes des systèmes CMH ou ABO du donneur. Ce rejet n'est plus un problème majeur dans la mesure où l'on respecte la compatibilité des systèmes ABO, rhésus.

Le rejet précoce aigu survient jusqu'à 10 jours après la transplantation et il est caractérisé par une infiltration cellulaire dense du greffon. C'est une attaque des cellules du donneur par les lymphocytes T 8 du receveur.

Le rejet tardif aigu se produit à partir du 11e jour de greffe chez des patients immunodéprimés par la prednisone et l'azathioprine. Il se forme des dépôts d'immunoglobulines sur les parois vasculaires induisant l'agrégation des plaquettes dans les capillaires glomérulaires et conduisant à une obstruction rénale aiguë.

Le rejet chronique ou tardif survient des mois ou des années après la transplantation. Il exprime la détérioration fonctionnelle terminale du greffon, évoluant de longue date. Le mécanisme est un épaississement des parois vasculaires aboutissant à l'occlusion progressive des artères. L'action d'anticorps spécifiques est évoquée, ainsi que l'existence de réactions inflammatoires. En cas d'échec du traitement immunosuppresseur approprié, le rejet chronique aboutit inexorablement à la retransplantation de l'organe défaillant.

CONDITIONS DE RÉUSSITE D'UNE GREFFE

Les conditions de réussite d'une greffe reposent sur la **compatibilité** de système ABO (antigènes A et B) et du système CMH (antigènes de classe I et de classe II) entre le donneur et le receveur :

• **dans le système ABO**, les antigènes de groupes sanguins érythrocytaires sont de puissants antigènes de transplantation. Du fait de l'existence d'anticorps naturels anti-A ou anti-B, quand l'antigène correspondant est absent, une transplantation intergroupe sanguin est vigoureusement rejetée par un mécanisme d'immunité humorale. Ainsi, la compatibilité dans le système ABO doit être rigoureusement respectée pour toute transplantation d'organe. Dans le cas des greffes de cellules souches, la compatibilité érythrocytaire ABO, rhésus n'est pas indispensable *(voir p. 116)* ;

• **pour le système CMH**, en cas de greffe d'organe, il apparaît que les deux antigènes les plus importants sont HLA B et HLA DR, pour lesquels il faut une bonne compatibilité donneur-receveur. Certains individus possèdent des anticorps anti-HLA préformés (anticorps lymphocytotoxiques anti-HLA). On les appelle *répondeurs* ou *immunisés*. Pour les greffer, il faudra un maximum d'identités tissulaires et il sera donc plus difficile de trouver un donneur compatible. Des malades *hyper-immunisés* risquent de ne jamais trouver de greffons compatibles.

Pour l'instant, il n'existe pas de banques de stockage d'organes, mais les cellules de la moelle osseuse peuvent rester viables même après congélation et décongélation. Par ailleurs, on peut utiliser des donneurs vivants d'organes (pour le rein) avec toutefois des problèmes éthiques.

Toute greffe d'organe ou de tissus s'accompagne *d'un traitement immunosuppresseur* qui intervient de façon non spécifique sur les réponses immunitaires, (sauf dans le cas des jumeaux homozygotes, génétiquement identiques).

ÉTUDE DES TRAITEMENTS IMMUNOSUPPRESSEURS

Objectif

Les traitements immunosuppresseurs ont pour objectif de **bloquer préventivement et temporairement les mécanismes immunitaires**. Ces traitements sont obligatoires pour induire une tolérance prolongée d'un organe ou d'un tissu ; en transplantation d'organes, l'immunosuppression est maintenue aussi longtemps que le greffon est fonctionnel.

Le bon traitement immunosuppresseur est celui qui permet la meilleure tolérance immunologique avec le moins d'effets secondaires. En pratique, quel que soit l'organe transplanté, les doses utilisées devront équilibrer les risques de rejet (doses pas trop faibles) et les risques d'infection ou de toxicité (doses pas trop fortes). Les complications infectieuses représentent la principale cause de morbidité chez les greffés.

Le traitement est toujours basé sur une *association d'immunosuppresseurs* qui, par un effet additif, quelquefois synergique, permet une diminution des posologies de chaque immunosuppresseur utilisé.

Dans l'induction du traitement, les doses prescrites seront toujours élevées pour éviter la phase de rejet aigu.

Médicaments disponibles

Inhibiteurs de la synthèse de cytokines	Ciclosporine, tacrolimus (FK506), sirolimus
Inhibiteurs de la synthèse d'ADN	Azathioprine et mycophénolate mofétil
Glucocorticoïdes	Prednisone, prednisolone, méthylprednisolone
Anticorps anti-lymphocytaires	AC polyclonaux et monoclonaux
Alkylants	Cyclophosphamide

Ciclosporine (Sandimmun®, Néoral®)

Apparue en 1983, elle a apporté une amélioration spectaculaire dans la survie des greffons (surtout le cœur, le foie et le pancréas). C'est un polypeptide agissant par inhibition de la sécrétion de diverses cytokines (IL-2, IL-4, IL-5, IFNγ), par les lymphocytes T 4. La ciclosporine agit sur les LT au repos et elle ne peut bloquer les étapes de prolifération et de maturation après leur initiation sous l'effet de l'IL-2. C'est la raison pour laquelle la ciclosporine tient une place dans la prophylaxie. Son action est réversible à l'arrêt du traitement, et son principal effet secondaire est une néphrotoxicité.

Tacrolimus, FK506 (Prograf®)

C'est un macrolide lactone, inhibant la formation des LT cytotoxiques, très puissant, aux caractéristiques (pharmacocinétique, effets secondaires) très proches de la ciclosporine.

Sirolimus (Rapamune®)

Plus récent, il inhibe la synthèse d'IL-2 par une action sur la kinase mTOR, enzyme indispensable à la progression du cycle cellulaire des LT. C'est un immunosuppresseur très intéressant pour les greffes de rein car il est nettement moins néphrotoxique.

Inhibiteurs de la synthèse d'ADN (azathioprine : Imurel®, mycophénolate-mofétil : Cellcept®) et agents alkylants (Endoxan®)

Ils se substituent aux composants normaux dans les molécules d'ADN et d'ARN inhibant la prolifération des lignées lymphocytaires.

Glucocorticoïdes (Cortancyl®, Médrol®)

Ils exercent leur action immunosuppressive sur les macrophages, en les empêchant de jouer leur rôle de CPA (cellule présentatrice de l'antigène), et sur les lymphocytes T en provoquant une lymphopénie. De plus leur action anti-inflammatoire est intéressant dans le traitement de la crise de rejet aigu.

Anticorps anti-lymphocytaires

Ce sont des anticorps d'origine animale, souvent modifiés par génie génétique pour diminuer leur pouvoir immunogène propre. Ils sont obtenus à partir d'animaux immunisés avec des lymphocytes humains. Ils sont dirigés contre un ou plusieurs antigènes de surface des lymphocytes, et neutralisent les LT et les LB. Les lymphocytes seront, ensuite, détruits par phagocytose ou par cytolyse.

On distingue :

• les AC polyclonaux ou sérum anti-lymphocytaire SAL (Lymphoglobuline® : Ig antilymphocytes, obtenue à partir du cheval, ou Thymoglobuline® : Ig obtenue à partir de sérum de lapin) à spécificité large ;

• et les AC monoclonaux à spécificité étroite, par exemple Orthoclone OKJT3 (muromonab – CD 3), AC monoclonal murin dirigé contre l'antigène CD3 des lymphocytes T humains et indiqué dans le rejet aigu de greffes rénales, hépatiques ou cardiaques.

Protocoles

La conduite du traitement est propre à l'organe transplanté. En règle générale, dans les premiers mois de traitement, le greffé suivra une trithérapie basée sur :

• un immunosuppresseur majeur : ciclosporine, tacrolimus ou sirolimus ;

• un glucocorticoïde ;

• un 2e immunosuppresseur de mécanisme d'action différent : azathioprine ou mycophénolate mofétil.

Après quelques mois ou quelques années, une bithérapie sera envisagée, puis, au long cours, on diminuera les posologies de glucocorticoïdes, responsables en utilisation prolongée d'ostéoporose.

ÉTUDE DE LA GREFFE DE MOELLE OSSEUSE

Les leucémiques ayant reçu une chimiothérapie intensive et éventuellement une irradiation totale pour éradiquer les cellules néoplasiques et les patients ayant certains déficits immunitaires et une aplasie médullaire sont des candidats pour une greffe de moelle osseuse.

Principe

Le principe des greffes de cellules souches hématopoïétiques (CSH) est de permettre la reconstitution des populations cellulaires du sang : globules blancs, globules rouges et plaquettes.

Choix du donneur

Généralement, c'est parmi les frères et sœurs que l'on trouve le plus facilement les sujets compatibles, c'est-à-dire ayant le même groupage tissulaire (HLA). Lorsqu'un malade ne possède pas de donneurs de moelle osseuse dans sa famille, ses caractéristiques génétiques vont être comparées à celles des volontaires de don de moelle inscrits dans les fichiers nationaux. On choisira un donneur ayant les caractéristiques tissulaires (HLA) les plus proches possibles de celles du malade.
L'identité tissulaire des donneurs est déterminée par un examen de sang. C'est un typage HLA. Il est possible d'effectuer une greffe de moelle osseuse allogénique en l'absence de compatibilité érythrocytaire ABO rhésus entre donneur et receveur. Dans ce cas, le receveur va changer de groupe sanguin et acquérir celui du donneur.

Prélèvement de moelle

La moelle est prélevée par ponction réalisée au moyen d'une seringue au niveau des os de la hanche, sous anesthésie péridurale. La moelle se reconstitue rapidement (48 heures environ) grâce à la capacité d'auto renouvellement des cellules souches. Les lymphocytes T et B matures du greffon (agressives pour le receveur), seront détruits par des anticorps anti-lymphocytaires pour ne garder que les cellules souches pré-T et pré-B.

Préparation du patient à la greffe

Il faut détruire les cellules malignes et dans le cas des allogreffes de moelle, inhibe le système immunitaire du receveur afin d'éviter le rejet du greffon. On utilise la radiothérapie et la chimiothérapie. Le patient est placé en chambre stérile.

Réalisation de la greffe

L'injection de la moelle ou des cellules souches périphériques s'effectue, en général, après la fin de la préparation, par voie intraveineuse. La moelle osseuse va prendre sa place peu à peu dans les os du malade.

GREFFE DE MOELLE OSSEUSE
RELATION DONNEUR-RECEVEUR

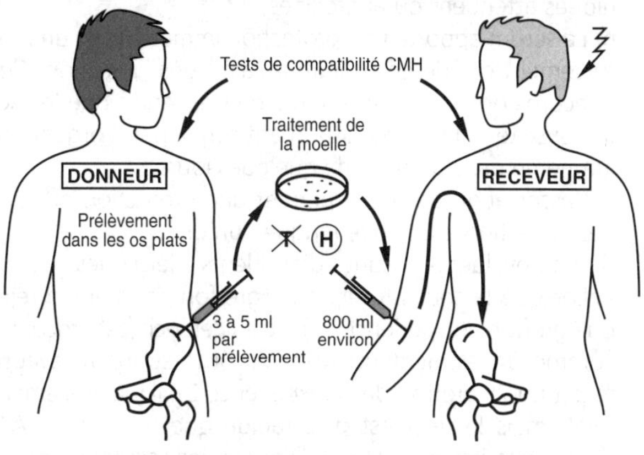

T *Elimination des LT du greffon*

H *Isolement des hématies du greffon si incompatibilté de système ABO*

Évolution de la greffe

La première complication spécifique de l'allogreffe de moelle est le **rejet aigu**, dont l'incidence et la gravité sont étroitement liées, d'une part au degré de compatibilité HLA entre le donneur et le receveur et d'autre part au nombre de lymphocytes T dans le greffon. Caractérisée par des lésions cutanées, digestives et hépatiques, le traitement repose sur une intensification des traitements immunosuppresseurs.

Le **rejet chronique** peut s'installer au-delà du 3e mois post-greffe. Sa fréquence est de 30 % environ. Les manifestations cliniques ressemblent à celles des maladies auto-immunes (lupus, sclérodermie...). Le traitement repose sur une association de ciclosporine et corticoïdes. Les patients qui survivent à ce rejet ont une probabilité de survie supérieure à ceux qui n'ont pas présenté de rejet. Ceci est attribué à une activation des lymphocytes du donneur contre les cellules leucémiques résiduelles. La thérapeutique immunosuppressive sera temporaire.

4 EXERCICES D'APPLICATION

QUESTIONS

1. Cochez la ou les bonnes réponses

Au cours d'une vaccination :

a) on injecte des anticorps ;
b) on injecte des antigènes ;
c) on inhibe les défenses immunitaires ;
d) on induit une immunité passive ;
e) la vaccination est une forme provoquée d'immunité à médiation humorale.

Réponses primaire et secondaire lors d'une vaccination :

a) Lors de la réponse primaire, les IgG apparaissent dès le jour de la vaccination.
b) Au cours de la réponse primaire, les antigènes libres ont disparu en 5 jours.
c) Au cours de la réponse primaire, les IgM sont majoritaires.
d) Au cours de la réponse secondaire, les complexes antigènes-anticorps apparaissent dès l'injection.

Lors d'une sérothérapie :

a) on injecte des anticorps ;
b) on injecte des antigènes ;
c) on obtient une protection de courte durée ;
d) les sérums utilisés sont toujours d'origine animale.

2. Sérovaccination antitétanique

Une personne, n'ayant pas subi de rappel antitétanique depuis 20 ans se blesse profondément au pied. Le médecin effectue une sérovaccination.

Par la suite, le médecin fera deux autres injections de vaccin antitétanique.

Le graphique ci-dessous permet de suivre le taux d'anticorps antitétaniques chez le blessé ; les anticorps sériques et vaccinaux sont représentés séparément.

a) Que contiennent le sérum et le vaccin ?
b) Comparez l'action du sérum et du vaccin dans la prévention du tétanos.
c) Quel est l'intérêt d'associer les deux ?
d) Avant d'injecter le sérum, on demande au blessé s'il a déjà reçu d'autres sérums. Pourquoi ?

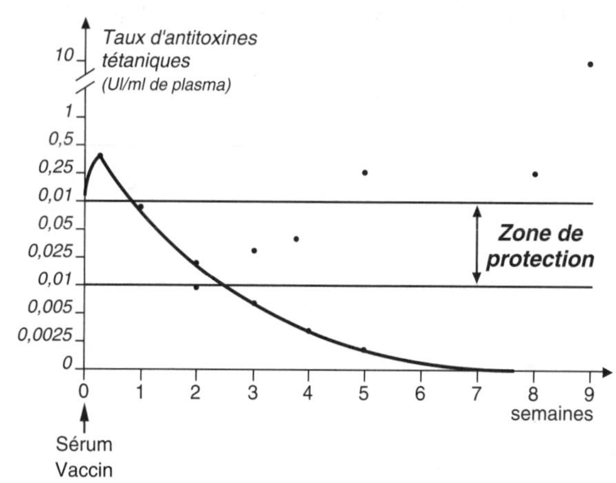

3. Des greffes de peau sont réalisées chez des souris selon les modalités suivantes figurant sur le tableau.

Les souris A, B, R, N* ne sont pas apparentées. Les souris A, B, R, possèdent un thymus, alors que les souris N* en sont dépourvues dès la naissance.

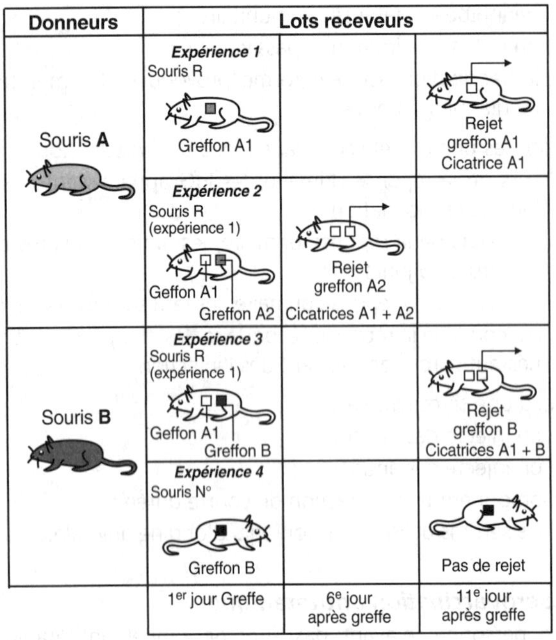

a) En utilisant ces résultats, dites pourquoi le rejet de greffe révèle à la fois la spécificité de la réponse immunitaire et l'existence d'une mémoire.

b) Quelles sont les cellules responsables ?

4. Voici une prescription immunosuppressive :

- Neoral®, 10 mg/kg/jour en 2 prises.
- Imurel®, 2 mg/kg/jour en 2 prises.

a) L'Imurel® peut-il être remplacé par du Prograf® ?

b) Quels sont les conseils qui doivent être donnés au malade ?

c) Est-il possible de vacciner ce malade contre la poliomyélite ?

d) Le malade doit suivre sa créatininémie, pourquoi ?

RÉPONSES

1. Vaccination : b), e). Réponses primaire et secondaire : b), c), d). Sérothérapie : a), c).
2. a) Sérum : anticorps antitétaniques. Vaccin : toxines tétaniques atténuées ou anatoxines
   b) Le sérum apporte une protection immédiate et un renforcement des défenses immunitaires dès l'injection. Ces anticorps ont une courte durée de vie. Tandis que le vaccin suscitera la formation d'anticorps par l'organisme lui-même dans un délai de quelques jours.
   c) L'association des deux permet une protection efficace dès l'injection et sur une longue durée.
   d) Pour évaluer les risques d'accidents allergiques.
3. a) Lorsque la souris R reçoit un greffon de A, il y a rejet du greffon (expérience 1), car celui-ci est reconnu comme un élément du Non-Soi. Si la souris receveuse reçoit un 2e greffon de A (expérience 2), il y a également rejet, mais le rejet est plus rapide que le rejet de A1. Cette expérience montre qu'il existe des cellules mémoire qui restent dans l'organisme après le premier rejet de A1 et qui réagissent plus rapidement si un greffon identique est greffé (A2).
   La même expérience avec le greffon A1 puis un greffon de la souris B, donne des résultats différents : le greffon est rejeté mais au bout de 11 jours, comme pour A1. Cela montre que les cellules mémoire, qui se sont formées lors du rejet de A1, ne reconnaissent pas le greffon B. Il y a donc une spécificité de la réponse immunitaire.
   b) Lorsque la greffe est réalisée sur les souris N, il n'y a pas rejet. Donc, il n'y a pas de réaction immunitaire. Or, ces souris sont dépourvues de thymus, lieu de maturation des LT. On peut donc dire que les cellules impliquées dans le rejet des greffes sont les lymphocytes T.
4. a) Non, car le Prograf® présente le même mécanisme d'action que la ciclosporine (IMUREL®).
   b) Ne pas prendre conjointement à la ciclosporine de millepertuis (induction enzymatique) ; éviter toute exposition au soleil (cancers cutanés), risque de problèmes infectieux.
   c) Oui, mais seulement si on utilise le vaccin inactivé car tous les vaccins vivants atténués sont contre-indiqués,
   d) En raison de la néphrotoxicité de la ciclosporine, pour évaluer le fonctionnement du glomérule rénal.

SUJETS D'EXAMEN MICROBIOLOGIE-IMMUNOLOGIE

1 SUJET GROUPEMENT EST

1) Certaines bactéries possèdent un **plasmide.**
   a) Indiquer sa nature et sa localisation
   b) Citer un rôle
2) Repérer et nommer sur le schéma les différentes phases de la **croissance bactérienne** et commenter brièvement chaque phase

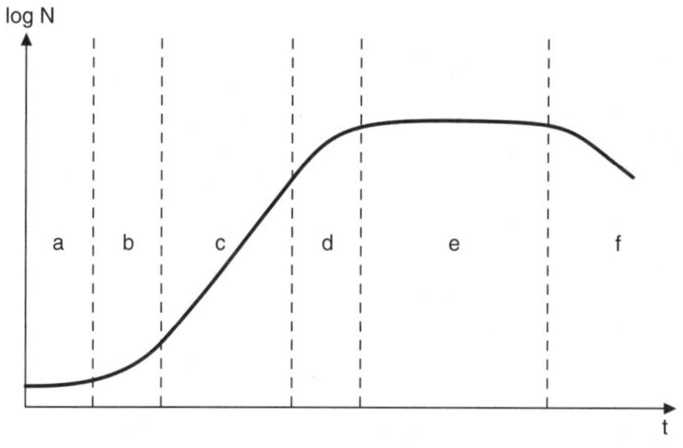

Courbe de croissance d'une bactérie en milieu non renouvelé

3) Citer trois facteurs responsables du **pouvoir pathogène** d'une bactérie.
4) Présenter les grandes étapes de la multiplication d'un virus.
5) Indiquer le mode d'action des antibiotiques au niveau des structures subcellulaires.
6) Citer 6 familles d'antibiotiques.
7) Le « soi » et le « non soi », identité biologique
   a) Définir le mot anticorps.
   b) Définir le système HLA (= CMH). Citer deux rôles de ce système.
8) L'immunité non spécifique
   a) La première barrière à l'agression microbienne est la barrière cutanéo-muqueuse. Décrire 3 rôles de la peau.
   b) Définir les mots : phagocytose et diapédèse.
   c) Donner 2 exemples de cellules phagocytaires.
9) L'immunité spécifique : citer les 3 caractéristiques fondamentales de l'immunité spécifique.
10) Compléter le tableau ci-dessous à l'aide du vocabulaire suivant : anticorps, lymphocytes T, polynucléaires neutrophiles, complément.

Défense	Cellulaire	Humorale
Spécifique		
Non spécifique		

11) Citer 3 types de dysfonctionnements immunitaires.
12) a) Donner un titre à ce schéma.
   b) Citer le phénomène qui a eu lieu.
   c) Nommer la cellule concernée.

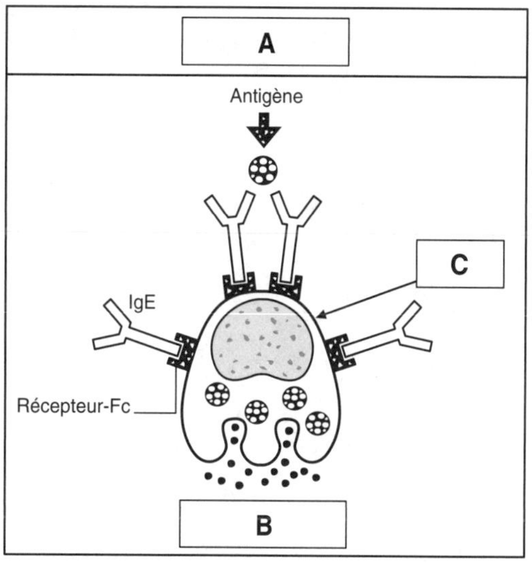

13) Parmi les noms cités, relever les numéros en relation avec la vaccination : immunité active, immunité durable, immunité spécifique, substance antigénique, immunoglobulines, Rudivax®, Gamma-TS®, méthode de Besredka, toxoplasmose, amibiase.

2 SUJET TOULOUSE

1) Pierre se rend au laboratoire d'analyses car il présente une **infection urinaire.** Le laboratoire effectue un prélèvement aseptique des urines de Pierre. Pour cela, il utilise une solution de Dakin. L'observation du prélèvement permettra au laborantin d'identifier la bactérie, cause de l'infection urinaire.
La liqueur de Dakin est une solution : antiseptique ou désinfectante ?
2) **Le colibacille,** germe courant dans ce type d'infection est mis en évidence chez Pierre. Donnez la forme générale du colibacille.
3) Le laborantin, pour mettre en évidence le colibacille a du colorer le prélèvement d'urine.
a) Donner l'élément bactérien mis en évidence dans la **coloration de Gram.**
b) Donner le résultat de la coloration de Gram pour le colibacille, sachant qu'il s'agit d'une bactérie gram négatif.
4) Le colibacille est une bactérie **aérobie** qui nécessite un milieu de culture pour se développer en laboratoire.
a) Décrire à l'aide d'un schéma, l'expérience qui permet de mettre en évidence ce type respiratoire.
b) Définir milieu de culture.
c) Citer un exemple de milieu de culture.
5) Compléter l'arbre généalogique suivant :

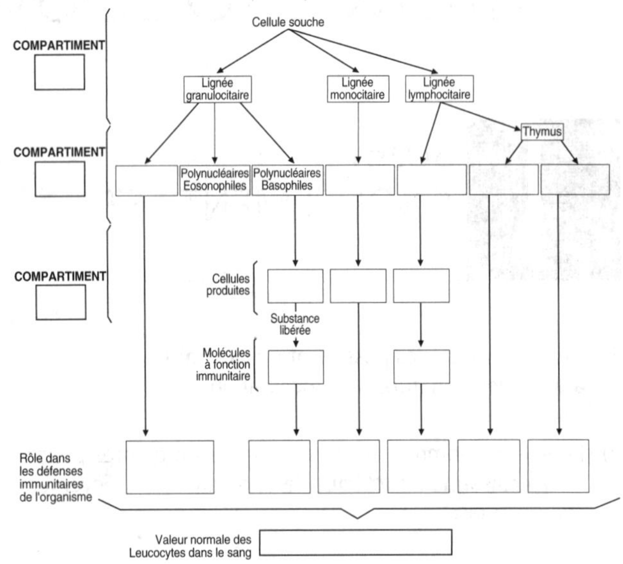

LEXIQUE

Agglutination : Agrégation de particules antigéniques en présence d'anticorps spécifiques. L'agglutination peut s'appliquer aux globules rouges, aux bactéries et aux particules inertes couvertes d'antigènes.

Allergène : Se dit de toute substance susceptible d'entraîner une réaction allergique (impliquant la production d'Ig E).

Allogreffe : Greffe provenant d'un individu génétiquement différent, de la même espèce.

Anticorps : Les anticorps sont des protéines, des immunoglobulines, sécrétées par les plasmocytes (lymphocytes B différenciés), en réponse à une stimulation d'un antigène donné.

Anticorps naturel : Anticorps trouvé dans le sérum sans pré immunisation apparente par l'antigène correspondant.

Antigène : L'antigène est toute substance qui, apparaissant dans un organisme qui ne le possédait pas, provoque chez celui-ci une réaction immunitaire.

Antigènes d'histocompatibilité : Antigènes de membrane, commun aux cellules nucléées d'un même organisme, responsables du rejet des allogreffes *(voir : CMH).*

Atopie : Aptitude à présenter un certain nombre de manifestations cliniques au contact d'allergènes, inoffensifs chez des sujets normaux.

Auto-anticorps : Anticorps élaboré par un organisme en réponse à un antigène provenant du même individu.

Auto-antigène : Substance capable de susciter l'apparition d'anticorps au sein même de l'organisme dont elle est issue.

Autogreffe : Transplantation tissulaire d'une zone de l'organisme sur une autre du même individu.

Auto-immunité : État d'immunisation d'un sujet vis-à-vis de ses propres constituants. Une telle réponse immune peut avoir des conséquences pathologiques.

B lymphocyte : Précurseur du plasmocyte sécrétant l'anticorps. Cette cellule exprime une Ig de membrane et des molécules codées par le CMH de classe II.

C1-C9 : Composants de la voie classique et lytique du complément responsables des réactions inflammatoires, de l'opsonisation des particules et de la destruction des membranes cellulaires.

Cellulaire (réponse) : Réponse immune sous le contrôle des lymphocytes T ; les effecteurs sont des cellules cytotoxiques ; elle est dirigée contre les champignons, les parasites, les virus en phase cellulaire, les greffes.

Cellules effectrices : Concept fonctionnel qui, dans le contexte immunologique, se réfère aux lymphocytes et aux macrophages qui exercent les fonctions immunologiques.

Cellules NK : Groupe de grands lymphocytes granuleux ayant la capacité intrinsèque de reconnaître et de détruire certaines cellules infectées par des virus et certaines cellules tumorales. Elles ne sont pas spécifiques d'un antigène et leur nombre n'augmente pas suite à une immunisation.

Cellules souches : Cellules de la moelle osseuse qui donneront naissance à toutes les cellules sanguines.

Cellules T suppressives : Sous-populations de lymphocytes T qui diminuent les réponses d'autres cellules T ou de cellules B.

Cellules T auxiliaires (Th) : Sous-populations de lymphocytes T qui peuvent aider au développement de LTC ou coopérer avec les LB pour la production d'anticorps. Les LTh reconnaissent l'antigène en association avec les molécules de classe II du CMH.

Cellules T cytotoxiques (Tc) : Classe de lymphocytes T pouvant lyser directement les cellules cibles. Elles reconnaissent un peptide antigénique avec les molécules du CMH de classe I.

Cellules présentant l'antigène ou CPA : Cellules qui transportent l'antigène sous une forme pouvant stimuler les lymphocytes.

Chimiotactisme : Augmentation de la migration des cellules dans une direction donnée, en réponse à des facteurs chimiotactiques.

Complément : Système enzymatique de 20 protéines plasmatiques, jouant un rôle essentiel dans les dispositifs effecteurs de l'immunité.

Complexe immun : Complexe macromoléculaire d'Ag et d'AC liés spécifiquement.

CMH (complexe majeur d'histocompatibilité) : Région génétique sur le chromosome 6 chez l'homme, dont les produits (protéines) sont impliqués dans le rejet de greffes entre individus (encore appelé HLA).

Coopération : Capacité qu'ont les LB et les LT d'une part, et les LTC et les LTh d'autre part de collaborer pour amplifier la réponse des cellules effectrices.

Cytokine : Substances solubles (glycoprotéines) qui agissent comme médiateurs par activation des réactions immunitaires.

Cytotoxique : Qui détruit les cellules.

Défenses naturelles : Peau et sécrétions sébacées, mucus et revêtement cilié des voies respiratoire, acidité gastrique, commensaux des cavités intestinales et vaginales.

Déterminant antigénique : Partie de la molécule antigénique qui se lie au site spécifique de l'anticorps ou du Lymphocyte.

Épitope : Partie de l'antigène qui se combine avec le paratope de l'anticorps.

Fibroblaste : Cellule fusiforme provenant des cellules conjonctives en prolifération.

Haptène : Petite molécule qui est incapable d'induire par elle-même une réaction immunitaire à moins d'être couplée de façon covalent à une molécule porteuse ou à une cellule.

Hémagglutination : Agglutination des hématies sous l'action des anticorps spécifiques.

Histamine : Amine vasoactive présente dans les granulocytes et les polynucléaires basophiles.

Histocompatibilité : Degré de similitude des caractères antigéniques des tissus d'un donneur et d'un receveur de greffe.

Humorale (réponse) : réponse immunitaire caractérisée par la production d'anticorps par les LB. Cette réponse est dirigée contre les bactéries, les virus libres et les antigènes solubles.

Immunisation : Introduction dans un individu d'un antigène afin de générer une réponse contre cet antigène et une mémoire.

Immunocompétence : Capacité de distinguer le Soi du Non-Soi.

Immunogène : Substance capable de susciter une réponse anticorps par elle-même.

Interférons : Groupe de protéines qui augmentent l'immunité antivirale et modifient les réponses immunitaires.

Interleukine (IL-1 à IL-18) : groupe de protéines qui transmettent des signaux entre différentes cellules du système immunitaire.

Irradiation : Utilisation de rayons X pour inactiver sélectivement certaines cellules immunocompétentes.

Locus : Position sur un chromosome où l'on trouve un gène.

Lymphocyte : Leucocyte contenant peu de cytoplasme que l'on retrouve dans le sang, dans tous les tissus, dans les organes lymphoïdes tels que les ganglions, la rate, les plaques de Peyer. Ces cellules portent des récepteurs spécifiques pour un antigène.

Macrophage : Phagocyte. Présente l'antigène aux lymphocytes.

Mastocytes : Cellules localisées dans les tissus, probablement reliées aux polynucléaires basophiles. Elles participent aux réactions d'hypersensibilité immédiate et possèdent des récepteurs pour les IgE.

Mémoire immunologique : Concept exprimant la faculté d'un organisme ou de ses cellules de répondre de façon plus rapide et plus intense à une nouvelle stimulation par un antigène déjà rencontré. Elle dénote un état d'immunité active contre un antigène spécifique.

Non-Soi : Ensemble des antigènes identifiés comme étrangers par l'individu. Le CMH, les LT et les Ig participent à la reconnaissance du Soi et du Non-Soi.

Opsonine : Substance (anticorps ou composant du complément) qui recouvre une particule (bactérie ou globule rouge) et favorise la phagocytose de cette particule par les phagocytes.

Paratope : Partie de l'anticorps qui se combine avec l'épitope de l'antigène.

Passive (immunisation) : Immunisation par l'administration d'anticorps préformés dans un individu non immunisé.

Perforines : Protéines, sécrétées sous forme de monomères, qui se polymérisent au contact de la membrane de la cellule cible, créant un déséquilibre hydroélectrique aboutissant à la cytolyse.

Phagocytose : Processus par lequel les cellules ingèrent du matériel et l'incluent dans une vacuole.

Plasmocyte : Lymphocyte B ayant atteint la phase finale de sa différenciation, la production d'anticorps.

Polyclonal : Substance qui induit l'activation de nombreux clones (soit T ou B).

Présentation de l'antigène : Processus par lequel certaines cellules expriment l'antigène à leur surface sous une forme reconnaissable par les lymphocytes.

Protéine C réactive (CRP) : glycoprotéine sanguine, synthétisée par le foie après la pénétration d'un antigène dans l'organisme. Elle active les défenses immunitaires spécialement la réaction inflammatoire.

Reconnaissance : Interaction non covalente entre 2 molécules, l'une portant une information (antigène) et l'autre capable de recevoir cette information (récepteur).

Répertoire immunologique : Ensemble des spécificités des récepteurs des cellules B et T, présentes dans un individu.

Réponse primaire : Réponse immune (cellulaire ou humorale) qui suit la première rencontre avec un antigène. Elle est généralement faible et a une phase de latence longue.

Réponse secondaire : Réponse immunitaire (cellulaire ou humorale) qui suit la seconde rencontre avec un antigène.

Soi : Patrimoine immunologique spécifique de chaque individu.

Sensibilisation : Processus au cours duquel un individu susceptible développe une réponse de type IgE spécifique d'un allergène.

Sérodiagnostic : Recherche dans le sérum d'un malade des anticorps d'une maladie donnée.

Spécificité : Aptitude à distinguer, à discriminer les différents stimuli les uns des autres.

T (cellules) : lymphocytes ayant subis leur maturation au niveau du thymus.

TcR *(T cell receptor)* : récepteur des cellules T.

Tolérance : État de non-réponse immunologique spécifique d'un antigène.

Vaccination : Méthode permettant de stimuler la réponse immune adaptative et de générer une mémoire, induisant une résistance acquise.

Xénogénique : se dit d'individus appartenant à des espèces différentes.

INDEX GÉNÉRAL

A

B

C

D

E

P

Q

R

S

T

V

X

Y

Mise en page : STDI
Achevé d'imprimer en mars 2006
sur les presses de l'imprimerie Wilco
Dépôt légal : mars 2006
Imprimé aux Pays-Bas